Rue des Écoles

Le secteur « Rue des Écoles » est dédié à l'édition de travaux personnels, venus de tous horizons : historique, philosophique, politique, etc. Il accueille également des œuvres de fiction (romans) et des textes autobiographiques.

Déjà parus

Jacques-Yahiel (Simone), *Ma raison d'être* (réédition), 2015.

Albert (Thierry), *Quel est votre nom ?*, 2015.

Mbuyi Mizeka (Alfred) *L'enfant noir d'Afrique centrale*, 2015.

Alain Nesme, *Léa la Sainte*, 2015.

Pham Ngoc (Lân), *De père inconnu*, 2015.

Duhameaux-Lefresne (May), *Le sourire du père*, 2015.

Brousse (Odette-Claire), *Sortir de chez soi*, 2014.

Beuchée (Laurent), *Un regard de Haute-Bretagne*, 2014.

Lemaître (Vincent), *Risques salés*, 2014.

Micaleff (André), *Heimat*, 2014.

Michelson (Léda), *Les corps acides*, 2014.

Leclerc du Sablon (Françoise), *Derrière la seizième porte*, 2014.

Ces douze derniers titres de la collection sont classés par ordre chronologique en commençant par le plus récent.
La liste complète des parutions, avec une courte présentation du contenu des ouvrages, peut être consultée sur le site www.harmattan.fr

Théorie du stock froid

5-7, rue de l'École-Polytechnique ; 75005 Paris

www.harmattan.fr
diffusion.harmattan@wanadoo.fr
harmattan1@wanadoo.fr

ISBN : 978-2-343-04660-0
EAN : 9782343046600

François Ducrocq

Théorie du stock froid

Développer rapidement les pays pauvres

L'Harmattan

A Kim qui m'a accompagné dans ce travail,

A mes six filles,
Hélène, Ariane, Céline, Flora, Camille, Jeanne

INTRODUCTION

Dans les économies en développement, les pertes en produits alimentaires sont massives. Les statistiques sont peu nombreuses sur le sujet, mais la FAO fait état de pertes de 35 à 50 % de la production agricole périssable de pays en développement. Ces pertes sont le résultat d'infrastructures de transport défaillantes, de moyens de stockage inadéquats et de manutentions peu précautionneuses. Les pertes se répartissent de cette façon : moisson 5 à 8%, mise en stock 15-20%, stockage 5-10%, transport 10-12% (FAO 2002).Les pertes agricoles ont un coût qui entraîne une hausse significative des prix sur le produit final et se répercutent sur le niveau de vie.

Au total, au sens large, le problème de la logistique des produits périssables peut représenter de 20 à 42% des récoltes. Le problème du stockage de produits alimentaires est donc à la fois un problème concret majeur et également une question qui interpelle la théorie économique. L'interrogation est même double concernant la théorie :

- on peut tout d'abord s'interroger sur les moyens d'intégrer le stockage en tant que levier de croissance, au lieu de le considérer dans une logique de réduction des coûts, de type « livraison juste à temps »
- et d'autre part se demander pourquoi la théorie économique a délaissé la question centrale de préservation des récoltes.

A cette seconde question, il est encore difficile de répondre. Il est néanmoins clair – et c'est ce que cette théorie va tendre à démontrer – que **le stockage de produits frais est, dans des circonstances précises, une variable déterminante dans le processus du développement.**

Dans une première partie, pour comprendre l'enjeu du stockage, les raisons de l'absence de stocks efficients en dépit de connaissances millénaires de procédés de stockage, pour comprendre également l'enchaînement qui peut amener à recréer des outils d'entreposage de produits frais, il convient de bien définir les concepts sur lesquels va se dérouler l'argumentation.

En particulier il convient tout d'abord de bien définir les notions de stockage, les produits alimentaires en jeu, et aussi et surtout définir le positionnement de l'individu qui va créer et utiliser les stocks dans son environnement économique.

A cette occasion, la vulnérabilité des producteurs sera abordée par le biais des chocs économiques.

Dans une deuxième partie, on s'interrogera sur les raisons pour lesquelles les pays développés et les organisations mondiales ne se sont pas davantage préoccupés – en apparence - de la mise en œuvre de moyens de préservation des récoltes et pour cela, il conviendra de s'interroger sur la perception du stockage dans les économies développées et plus concrètement dans la gestion des entreprises.

Dans une troisième partie, un modèle de développement de stockage sera abordé avec cette fois les conséquences dynamiques d'un choc positif sur le producteur. En particulier, sera intégrée la place de la collectivité – Etat, coopérative, village… – pour faire émerger de nouveaux outils de stockage.

En recherchant des similitudes, il sera utile de rechercher à travers l'histoire économique des situations comparables de développement technique de moyens de stockage, leur insertion sociale, et leurs répercussions sur la croissance économique.

Première partie

L'entreprise élémentaire et ses vulnérabilités

Les stocks ne sont pas au cœur des débats économiques sur le développement. Au contraire même, la gestion des stocks des entreprises est toujours orientée de façon à les minimiser pour améliorer la trésorerie ou éviter l'obsolescence des produits. Les stocks en économie vivrière ne sont pas davantage valorisés : les petits paysans, les modestes pêcheurs ne sont nullement incités à augmenter leurs stocks de produits frais pour améliorer leur sort. Le stockage est perçu comme un point de passage contraint, délicat dans les pays tropicaux et source de pertes.

L'enjeu de **la théorie du stock froid** va être de montrer comment les stocks peuvent, de façon positive, changer la donne dans le développement et comment la théorie économique peut les intégrer dans le raisonnement. L'hypothèse que nous émettons au départ est de considérer que **la production abandonnée**, dans des proportions parfois gigantesques, peut – moyennant un investissement minime de la collectivité - être stockée de façon à ce que le producteur de produits frais puisse accroître considérablement son revenu selon un processus vertueux.

Pour comprendre le mécanisme et les enjeux du stockage élémentaire, il est nécessaire d'analyser de près les processus de détérioration des aliments, avec notamment les facteurs essentiels de température et d'humidité, de rappeler comment des stratégies de conservation des produits ont été mises au point au fil des siècles, de souligner également comment un petit producteur peut perdre du jour au lendemain la totalité de sa production, et donc subir **un choc économique stochastiquement impossible**.

Dans une économie en développement, il est nécessaire de considérer le stockage au niveau élémentaire pour lui donner toute sa place ou, plus simplement peut-être, pour lui faire retrouver la place centrale qu'il avait dans l'habitat sédentaire des origines. Cela implique également de reconsidérer l'entrepreneur au niveau élémentaire, en définissant de nouveaux contours à la fonction d'entrepreneuriat à travers la gestion de la combinaison productive. En particulier, il est nécessaire de donner une place dans la théorie au petit producteur qui n'est ni « capitaliste », ni « travailleur » salarié.

CHAPITRE 1

La place des stocks dans la productivité

Pour aborder l'entreprise élémentaire, il est intéressant de reconsidérer les éléments qui la constituent. De façon classique, on regarde l'entreprise tout d'abord comme le lieu d'une combinaison productive. En clair, cela signifie que l'on regroupe deux éléments essentiels : des individus tout d'abord qui apportent leur travail et d'autre part des outils qui sont mis à leur disposition : ce que l'on appelle communément le capital. Des définitions élargies de l'entreprise ajoutent la terre qui génère une rente, et l'entrepreneur qui génère un profit. Evidemment, il apparaît rapidement que dans les sociétés paysannes les facteurs capital et travail puissent se confondre. C'est ce que nous allons analyser par la suite.

Depuis de nombreux siècles, bien avant sans doute qu'Adam Smith nous explique à travers l'exemple d'une manufacture d'épingles, que l'organisation a une influence directe sur la capacité des hommes à produire, des économistes ont compris que toutes les formes de production n'avaient pas la même efficacité.

Pour mesurer et comparer les performances des activités ont été développés des concepts de productivité. Ces concepts aujourd'hui encore servent de repères aussi bien pour les Etats à travers la croissance que dans les entreprises confrontées à la concurrence.

La productivité se détermine par un rapport entre une production et un temps de travail.

Dans l'agriculture vivrière, la productivité est basse. L'accroissement de la production semble inéluctablement lié à l'allongement de la journée de travail. Les méthodes de travail sont souvent ancestrales même si parfois – et de plus en plus souvent – un nouvel outil apparait dans la vie quotidienne des plus pauvres : un téléphone portable, un vélo, un moteur à hélice sur la barque… Mais, est-ce que le fait pour le cultivateur de consacrer un peu plus de temps à son lopin de terre a du sens ? Est-ce que le pêcheur solitaire sur sa pirogue, qui trie le poisson en fin de matinée sur une plage, améliore sa position s'il pêche un peu plus longtemps, au risque de rater le marché sur lequel il va pouvoir vendre le produit de sa pêche ?

Sur une période relativement courte, l'agriculteur a un travail à accomplir, fixe, pour mener à bien sa production : semence, traite des animaux de ferme, labourage, sarclage…

S'il veut augmenter sa production, il va essayer d'avoir une ou deux chèvres de plus, quelques vaches ou zébus supplémentaires, élargir la surface cultivée en brûlant un peu plus de terres, s'il le peut.

Est-ce pour autant que le schéma dans lequel il se situe, est celui d'une courbe de productivité globale classique ?

Esther Duflo et Abhijit Banerjee (Banerjee and Duflo 2012) nous montrent de façon classique (p. 328) une courbe de rendement en fonction d'une technologie de production, avec une forte croissance de productivité dans un premier temps, puis une baisse progressive de la rentabilité de l'investissement. A juste raison, les auteurs évoquent une différence entre le rendement marginal très élevé pour un modeste capital investi et le rendement global faible de l'activité globale du producteur. La courbe potentielle de croissance du pauvre pourrait donc n'être qu'un leurre. Nous y reviendrons.

Enjeux du stockage

En quoi les stocks peuvent changer la donne ?

La première question à se poser est de savoir si le petit producteur se sent concerné par la notion de productivité. D'où vient tout d'abord cette question ? Est-elle centrale pour le développement économique ?

La productivité se définit comme l'accroissement relatif de richesse qui n'est pas expliqué par l'accroissement d'un usage des facteurs de production : le capital et le travail. Vers 1850, explique Jean Fourastié (Fourastié 1952), le lien a commencé à être établi entre la révolution industrielle et les transformations des conditions de vie. Il faudra encore quelques décennies pour que la productivité apparaisse comme une mesure du progrès technique, et donc indirectement du niveau de vie. Jean Fourastié a mis en évidence ces liens du progrès technique avec le volume global de production, mais aussi l'enseignement, l'élévation des âges scolaires, la répartition de la population active, l'emploi, les prix… C'est dire que la productivité est, aujourd'hui, bien comprise comme un élément central d'analyse économique.

Il n'en reste pas moins que la représentation de la productivité, essentiellement à travers le progrès technique, limite la perception de phénomènes contradictoires : le stockage en est un. En effet, les analyses abondent en Occident pour expliquer l'amélioration de l'organisation de l'entreprise par une gestion informatisée en flux tendus par exemple (Lamouri and Thomas 1999). A l'inverse, la vision de stocks représentant une amélioration du niveau de vie d'un petit producteur n'apparaît nulle part.

Traduisons en termes concrets : *je suis un pasteur nomade de l'ouest du Soudan. J'élève quelques animaux. Je dispose d'un petit cheptel : mon stock de capital brut. Je travaille beaucoup. Je ne peux pas faire davantage pour faire subsister ma famille. Travailler plus oui peut-être, mais sans espoir de faire fortune car je ne peux pas sortir de l'économie de subsistance : mon capital – mes animaux et un lopin de terre partagé – ne va pas bouger beaucoup et mon facteur travail atteint vite ses limites.*

Et puis, à force de vouloir développer mon cheptel, je néglige la vente de mes cultures et mes fruits et légumes pourrissent sur place faute de moyens de transport. Donc, quoi que je fasse, mes moyens, dans le meilleur des cas, ne me permettent pas de sortir de ma condition.

La productivité est une interrogation à la marge sur l'augmentation de mon capital – mon petit cheptel et mon lopin de terre – et sur l'augmentation de mon temps de travail, envisageable tout au plus du lever au coucher du soleil. A une échéance relativement courte de quelques années que puis-je faire de plus pour mieux organiser la combinaison productive ? Rien en apparence.

Quant à parler de réforme agraire, de techniques nouvelles ou d'amélioration des infrastructures rurales, je suis peu aux prises avec l'amélioration des « intrants agricoles » (Dwight H. Perkins 2008).

Je peux certes innover, croire à des améliorations possibles, mais toute innovation m'amène à prendre des risques que je ne peux assumer seul.

Pour cet agriculteur soudanais, la productivité a peu de sens.

Introuvable productivité

Creusons un peu plus et voyons de plus près quelques intrants agricoles décrits par Dwight et Perkins pour montrer comment de façon classique est analysée l'amélioration de la productivité dans les pays en développement. Les intrants agricoles représentent l'ensemble des éléments - matériel agricole, engrais ... - qui facilitent, améliorent le fonctionnement d'une entreprise agricole sans constituer l'exploitation elle-même. Ce sont donc des ingrédients qui viennent s'ajouter pour améliorer la productivité.

Dwight et Perkins abordent quatre thèmes autour de la mobilisation des intrants. Le premier concerne la mise en œuvre de chantiers publics ruraux. L'idée est simple : les petits producteurs sont inactifs pendant les périodes hors saisons et pourraient être affectés collectivement à des chantiers de construction de routes, de canaux d'irrigation. Même avec une très faible productivité et sans faire appel à des engins mécanisés, les avantages, vus de loin, sont évidents. En réalité des programmes publics de cette nature n'ont pas été couronnés de succès car, sur l'ensemble des communautés participant à ces travaux, seuls quelques-uns en bénéficient et de surcroît, les journaliers démunis de terres qui participent le plus à ces travaux permettent aux propriétaires de bénéficier de situations de rente complémentaires. La Chine dans les programmes de collectivisation de son agriculture a tenté à une vaste échelle de mettre en place des équipes de production avant de décider de faire marche arrière dans les années 1980 pour revenir à une agriculture familiale. De surcroît la preuve n'est pas forcément bien établie que le paysan est désoeuvré à certaines saisons de l'année.

Autre forme d'intrants : le crédit familial, la tontine (Kounkou 2008), ou un prêteur local, généralement usurier. Les taux d'intérêt, parfois 100%, ne justifient pas l'investissement. Le modèle de la Grameen Bank s'est répandu dans le monde pour organiser le crédit auprès des plus démunis, en particulier les femmes qui cultivent un sol enregistré au nom d'un mari absent et qui n'ont donc pas de fonds propres en garantie de prêt. Ces mécanismes couronnés de succès ont leurs limites : les montants des prêts sont modestes, les taux d'intérêts très élevés, des effets d'aubaine apparaissent pour des emprunteurs aux revenus élevés, le risque d'absence de remboursement existe. La bonne solution pour investir efficacement sans aucun apport en garantie n'est donc pas facile à mettre en œuvre du fait de la difficulté d'accumuler au préalable un capital.

Autre intrant agricole : l'introduction de techniques nouvelles par des services de vulgarisation contribue aussi à l'éducation rurale, par contact direct et en gagnant la confiance. L'une des difficultés est de fournir des techniciens agricoles dans le cadre d'une administration locale efficace. De nombreux problèmes doivent être résolus pour aboutir à un résultat significatif :

– les techniciens agricoles n'ont pas forcément l'ancrage rural et sont plutôt de type urbain,
– ce sont souvent des hommes qui s'adressent à un public de cultivateurs féminins,
– les techniques nouvelles peuvent accroître l'écart entre les agriculteurs…

Dernier intrant étudié par Dwight et Perkins : le marché. Une idée mondialement répandue est que les multiples intermédiaires qui assurent le fonctionnement d'un réseau commercial, les commerçants ruraux sont à l'origine des différences considérables de prix entre producteur et consommateur. L'idée est que des monopoles pourraient engranger d'énormes profits. En réalité, le coût élevé de distribution, les défaillances du transport et le côté rudimentaire de la distribution et du stockage suffisent à créer ces écarts.

Si donc on en croit ces deux auteurs, l'amélioration de l'organisation du marché, qui constitue un progrès technique incontestable, est donc un élément majeur de la croissance et favoriser le stockage de produits frais ne peut qu'aller dans le sens d'une meilleure organisation du marché.

L'amélioration de la productivité emprunte donc de nombreuses voies : innovation technique stricto sensu, mais également amélioration de l'organisation, création de nouveaux débouchés….

Une détermination politique sur une période limitée d'une vingtaine d'années a parfois suffi sur de bons concepts à faire décoller l'agriculture. En Corée du Sud par exemple, dans les années 70, la construction d'un réseau routier « tout temps » a permis à des millions d'agriculteurs de réorienter leurs cultures vers des cultures légumières destinées aux marchés des villes et de l'exportation (Dwight et Perkins, p. 737).

Le succès de ces politiques tient avant tout à la possibilité pour les agriculteurs

– de procéder à des calculs de risque simple,
– de pouvoir agir en confiance,
– d'accéder facilement au progrès proposé.

Le capital social semble parfois très compliqué à acquérir mais, en fait, dès que quelques conditions de succès sont réunies, l'appropriation est très rapide. Le téléphone portable en Afrique a permis des avancées considérables pour échanger des informations de marché améliorant les processus de décisions.

Il reste que la plupart du temps les « intrants agricoles » semblent hors de portée des petits producteurs qui ne peuvent d'eux-mêmes accumuler un premier capital pour se développer.

Poussons un peu plus loin l'analyse de la productivité et regardons à présent comment des théoriciens l'ont approchée avec des fonctions devenues classiques.

Transformation du modèle de Solow

Parmi les économistes qui ont analysé la croissance, Solow construit son modèle autour de deux équations : la fonction de production Y = F(K,L) et l'accumulation du capital.

Y est la production obtenue à partir du capital K et du travail L.

Si les rendements d'échelle sont constants nous dit-il – ce qui est assez réaliste – le petit producteur va doubler sa production, lorsque la quantité de tous ses facteurs double exactement.

Le problème pour le petit entrepreneur est de maximiser sa fonction de production, déduction faite des coûts :

Max F(K, L) - rK – wL

Avec r pour la rémunération de son capital et w, le niveau de salaire, très théorique, qu'il s'octroie.

Y = rK- wL ce qui signifie que la production permet tout juste de rémunérer les facteurs de production. Dans cette hypothèse le profit est nul.

On peut, à la vision simple du modèle de Solow, proposer une approche différente en tenant mieux compte de la situation du petit producteur.

En effet dans cette analyse de Solow on peut se demander légitimement où sont passés les stocks ? Où figurent les stocks dans l'équation ? Quand bien même nous élargirions les facteurs de production à la terre ou encore aux entrepreneurs, le stock n'existe pas.

Pour le faire émerger, il faut développer une analyse diachronique et il est alors inclus dans la production Y. En d'autres termes, la production totale, comme nous l'avons vu, ne permet aucun profit, ce qui ne permet pas au petit entrepreneur d'accumuler du capital, et, de surcroît, un paramètre nouveau émerge dans le temps, le stockage.

Ce stockage apporte une séparation essentielle entre la production consommée et la production stockée.

$$\mathbf{Y = Y_c + St}$$

où St constitue le stock de produits non consommés et Y_c la production consommée.

Le stock peut lui-même être considéré de façon plus précise en faisant émerger la production abandonnée que nous allons appeler plus simplement l'abandon = Ab

L'abandon, connu sous l'appellation de pertes post-récoltes (Zorya, Morgan et al. 2011) est la quantité de produits impossible à utiliser :

- Les récoltes de fruits impossibles à transporter faute de moyens (par exemple une part de la récolte de mangues au Kenya),
- Le lait issu de la traite, perdu faute de moyen de conservation,
- Les poissons et fruits de mer abandonnés sur la plage faute de moyens de valorisation.

L'équation plus complète de production devient donc :

$$\mathbf{Y = Yc + St + Ab}$$

Raisonnons à présent de façon un peu différente sur plusieurs périodes en introduisant une donnée nouvelle : un investissement proposé par la collectivité, qui peut être l'Etat, une ONG, etc.

Prenons quatre périodes distinctes, lesquelles ne sont pas forcément des années, mais peuvent représenter des jours, des mois :

Période t_0

A la période t_0, le producteur part de rien

$$\mathbf{Y_0 = 0}$$

S'il ne va pas dans son champ, s'il ne pêche pas, il n'a aucune ressource. Il est contraint de mettre en route un cycle de production pour obtenir un revenu – ce qui va *revenir* régulièrement – de son produit.

Il n'a aucun stock de produit qui lui permette de survivre. Il est soumis aux aléas des éléments naturels.

Si un événement quelconque l'empêche de produire, il devient alors extrêmement fragile.

Cet événement Y_0 n'apparait dans aucune statistique, mais il est bel et bien le reflet du démarrage dans la vie active d'un individu. Ce démarrage est toujours masqué par le soutien de la famille, de la collectivité dans la période qui précède l'accès à l'indépendance d'un nouveau producteur.

Période t_1

A la période t_1, la formulation autour du capital et du travail du petit producteur ne varie pas :

- Les indices 1, 2, 3, 4 sont définis comme le résultat des périodes 1, 2, 3, 4
- Les indices 0-1, 1-2, 2-3, 3-4 sont définis comme reflétant l'utilisation des facteurs durant la période concernée allant de 0 à 1, soit t_0 à t_1

$Y_1 - Ab_1 = wL_{0\text{-}1} + rK_{0\text{-}1}$: aucune organisation particulière n'est mise en place et le petit producteur rémunère à la fois son temps de travail et paie ses outils. L et K sont réunis bien sûr sur une même et unique personne. Aucune croissance n'est véritablement possible.

Mais, dans le produit dont bénéficie le petit entrepreneur, il faut tenir compte d'une variable loin de constituer un simple résidu : la production gaspillée faute d'infrastructure.

Le produit devant finalement constituer son revenu est $Y_1 - Ab_1 = R_1$

Ab_1 ne constitue pas, tant s'en faut, une variable résiduelle : elle peut représenter 30% à 50% de la production, parfois bien davantage.

Période t_2

Dans la période suivante, s'il a pu stocker un peu, il obtient :

$$\mathbf{Y_2 - Ab_2 = wL_{1\text{-}2} + rK_{1\text{-}2} + St_1}$$

St_1 est son stock initial une fois la récolte effectuée. Au fil des jours et des semaines il va diminuer, ce que l'on peut traduire en affectant d'un coefficient ce stock qui devient

kSt_1 avec $k<1$
si Ab est important alors évidemment St est nul.

Dans une économie de subsistance, le stock à l'issue de la période 1 est réduit à 0 unité de produit. Rien n'est stocké.

L'intérêt de cette équation est de permettre d'établir une relation entre les produits abandonnés et les produits stockés car évidemment, si au lieu de gaspiller des produits (Ab), le producteur peut les stocker

(St) alors la croissance du produit peut complètement changer et nous pouvons parler d'un véritable choc de croissance.

(Ab) et (St) sont corrélés de façon négative. Donc St1 commence à prendre un sens dès lors que Ab tend vers zéro, ce qui peut survenir assez brusquement.

En effet, le stock du petit producteur va présenter une particularité tout à fait singulière. Contrairement à une perspective macro-économique dans laquelle les entrepôts frigorifiques et les chambres froides nécessitent des investissements lourds qui accroissent à la marge les infrastructures sanitaires d'un pays, ici, pour le petit producteur, avec un outil de stockage froid modeste, c'est brusquement toute sa production qui peut être mise au frais. C'est en tout cas une vision tout à fait intelligible d'un micro investissement dans la conservation alimentaire : le petit entrepreneur réalise ou ne réalise pas un entrepôt qui lui permet de stocker et préserver une quantité significative de produits.

Nous pouvons donc émettre l'hypothèse qu'en cas d'investissement dans un petit entrepôt, le producteur va pouvoir préserver ses produits et obtenir de façon optimisée, que :

$$\mathbf{Ab = St}$$

En d'autres termes si Ab = Y/3 ou Y/2, alors les stocks qui pourraient mettre fin au gaspillage peuvent du jour au lendemain changer l'efficacité globale du producteur.

Avec un changement brusque, le stock acquiert une place spécifique dans l'activité élémentaire de production en ce sens qu'il n'en découle pas immédiatement une consommation nouvelle. En effet, l'augmentation par exemple de l'efficacité des semences peut entraîner une baisse équivalente de la production : le producteur se satisfait de sa consommation et préfère réduire son temps de travail. Dans le cas présent, le producteur qui se retrouve avec, par exemple, une tonne supplémentaire de mangues à une période donnée de l'année, peut ne rien changer à son mode de vie.

Période t_3

$$\mathbf{Y_3 - Ab_3 = wL_{2\text{-}3} + rK_{2\text{-}3} + k_2St_2 + k_1\,St_1}$$

(ce qui reste du stock antérieur) avec $k<1$ et $k_2 > k_1$

Et si Ab_3 tend vers zéro, alors apparait dans la production un renversement et ce qui n'est pas vendu est immédiatement mis au frais avec St_3 qui équivaut à ce qui n'a pas été gaspillé.

$$\mathbf{Y_3 = wL_{2\text{-}3} + rK_{2\text{-}3} + St_3 + k_2St_2 + k_1\ St_1}$$

La production disponible Y_3 permet dès lors de sortir de la simple rémunération des facteurs de production.

A un moment donné, le producteur va « réaliser » son stock, c'est-à-dire le vendre. Donc tôt ou tard, ce stock va donner des disponibilités supplémentaires.

Apparait donc un renversement de la situation : Ab devient forcément un stock St, car ce que l'on peut préserver - et donc ne pas abandonner – devient forcément un stock : il n'est pas vendu immédiatement. Si cette production était jusqu'alors abandonnée, c'est bien parce qu'elle n'était pas vendable immédiatement.

C'est donc un changement paradigmatique réel : le stock de produits frais acquiert une place à part.

Dans l'industrie évidemment le raisonnement est très différent, car ce qui est délaissé ne peut pas être récupéré d'une façon ou d'une autre, sauf bien sûr dans des situations où un ré-usinage de pièce permet de récupérer une partie des pièces abandonnées. Mais cette situation n'a rien à voir avec une situation de marché. Elle entre dans le cadre normal de la production avec une perte généralement connue de produits intermédiaires ou de matières premières. Les pertes de produits ou de matières sont intégrées en amont, avant la mise sur le marché du produit.

Ainsi, pour l'univers agricole, l'équation

$$\mathbf{Y_3 = wL_{2\text{-}3} + rK_{2\text{-}3} + St_3 + k_2St_2 + k_1St_1,}$$

toute banale qu'elle puisse paraître, change complètement la vie du producteur pauvre.

Il convient maintenant de comprendre ce que va rémunérer ce stock et à quel facteur de production il peut se rattacher dans la combinaison productive.

Stock et organisation de la combinaison productive

A court terme, un changement majeur ne produit généralement aucun effet sur le mode de vie du producteur, même s'il parait relativement brusque.

Le petit producteur va, en revanche, pouvoir reconsidérer sur le moyen terme la combinaison productive.

Nous allons à présent donner une place à part entière à sa capacité entrepreneuriale, car désormais avec une production accrue, le producteur maîtrise quelque chose de nouveau : un capital dans son entrepôt, c'est-à-dire quelque chose de fixe, un produit qui n'est plus immédiatement échangeable, mais qui va produire ses effets dans le temps.

Pour valoriser sa capacité organisationnelle, nous allons définir une nouvelle variable E, qui n'est ni du capital, ni du travail, mais l'activité entrepreneuriale. En effet, un petit entrepreneur – nous y reviendrons – ne fait pas que juxtaposer du travail et du capital. Sa tâche essentielle même, dès lors qu'elle n'est plus constituée uniquement d'un dur labeur dans les champs (L), est d'**assurer la combinaison productive**, c'est-à-dire de trouver la bonne organisation de son capital et de son travail pour valoriser son activité d'entreprise.

Si l'on s'en tient à une définition classique de la production, L, le facteur travail, et E, le facteur entrepreneurial, peuvent aboutir à un output avec un minimum de capital (un outil). K, le facteur travail, et E ne permettent pas d'aboutir à grand chose : un propriétaire terrien qui ne travaille pas sa terre n'aboutit à rien sans achat de main-d'œuvre. L et K mis en commun n'aboutissent à rien non plus : c'est une confusion constante soutenue par la théorie économique, car des individus qui n'ont que leurs bras pour exécuter et un propriétaire terrien qui met à leur disposition des surfaces cultivables ne peuvent aboutir à quoi que ce soit sans un minimum d'organisation. Dans la réalité, les travailleurs vont accomplir un minimum de tâches organisationnelles, à moins que ce ne soit le propriétaire terrien, qui donc met à leur disposition les terres, qui répartit les tâches. En ce cas, L et K deviennent un peu E. Tout comme L peut aussi être un peu K. Mais il apparaît utile de mettre en exergue ce troisième facteur, E, pour mieux comprendre le processus de production chez le petit producteur.

Par ailleurs, la capacité organisationnelle ne suffit pas. La collectivité a aussi sa part en apportant un capital. En effet, nous pouvons penser qu'une intervention de la collectivité est nécessaire pour fabriquer un entrepôt frigorifique par exemple et offrir au petit producteur une vision différente de sa production. C'est une intervention financière, mais pas seulement. Cette intervention de la collectivité lui permet de s'organiser différemment. C'est un capital nouveau qui a un coût certes, mais qui lui ouvre de nouveaux horizons et que nous appelons K_g. Ce capital représente à la fois une chambre froide autonome, de petite taille, implantée à proximité de son lopin de terre et qui lui arrive, en quelque sorte avec une formation à la clé.

Donc le petit producteur change de statut : il n'est plus seulement un survivant qui subvient à ses besoins. Il peut d'un seul coup augmenter sa production avec un stock, supprimer tout abandon de production.

Phase 1

$$Y_1 + rK_g = wl + rK + vE$$

Dans cette phase, le petit agriculteur n'est pas mieux loti. Il ne nourrit pas mieux sa famille. Mais deux éléments ont changé. Il est maintenant propriétaire du petit entrepôt frigorifique représenté par K_g et il a une vision de son organisation qui change avec vE. rK_g figure du côté de la production obtenue car cet entrepôt, s'il ne peut être acquis par le petit paysan, est déjà un atout pour lui et il peut en rembourser les annuités avec la production qu'il peut préserver. Donc le remboursement théorique des annuités de l'investissement est l'équivalent de la production préservée qui pourra être stockée. Ce surplus est également l'équivalent de ce que le petit paysan va pouvoir « investir » à titre personnel dans l'organisation de sa production. Cet « investissement » temps et organisationnel est aussi l'équivalent de la production supplémentaire préservée et elle a la valeur vE.

rK_g représente, sous forme périodisée, l'apport de la collectivité dans un petit entrepôt frigorifique. Si l'entrepreneur devait supporter la dépense de l'investissement dans une chambre froide, cette dépense viendrait en déduction du revenu généré par sa production Y.

Nous aurions alors : $Y_1 = wl + rK + rK_g + vE$
K_g n'entre plus en revenu mais en dépense.

Cela signifie que non seulement, le petit entrepreneur devrait effectuer un investissement, lourd pour lui, dans un petit entrepôt mais que de surcroît il devrait consacrer aussi une part de son temps à l'organisation de son entrepôt en plus de son travail.

Le surplus de production avec Ab =0, serait totalement absorbé par la rémunération de l'entrepôt et ne laisserait aucunement la possibilité au petit entrepreneur de développer ses talents dans le domaine de la gestion de la combinaison productive.

E représente sa participation en tant qu'entrepreneur à une organisation de sa combinaison productive L et K. Le petit producteur a désormais une trajectoire d'entrepreneur car momentanément avec K_g, il a pu accumuler un peu de capital qui change le cours des choses. Il est donc non plus en situation étale, non profitable, mais en phase d'investissement et donc il devient, avec cette accumulation primitive de capital, un peu plus maître de son destin.

Cette situation peut être rapprochée de la phase d'expansion au cours de la seconde moitié du 20e siècle des chambres froides en Occident. Les récoltes ont été mieux gérées et une formidable expansion de l'agriculture, notamment de l'arboriculture fruitière, s'en est suivie dans des pays du Nord.

Prenons un exemple chiffré.

Dans le cas de figure initial, le producteur est dans la situation suivante :

$$\mathbf{Y_1 - Ab = 2500\text{-}700 = 1800 = wL + rK = 1350 + 450}$$
$$\mathbf{Où\ Y_1 = 2500}$$
$$\mathbf{Ab = 700}$$
$$\mathbf{wL = 1350}$$
$$\mathbf{rK = 450}$$

Le petit producteur ne peut se nourrir que du revenu de son travail soit R= 1350, puisque les 450 restant il doit les consacrer à son outillage.

Supposons qu'il puisse obtenir grâce à la collectivité un entrepôt d'une valeur de 10000

Il devra supporter le coût périodique en supposant qu'il parvienne à emprunter pour cela, soit 700 de remboursement par an, ce qui est impensable dans sa condition.

Il doit également assumer la gestion de cet entrepôt qui l'oblige à se réorganiser complètement : vE = 120.

Mais en même temps évidemment, il gère mieux ses récoltes et Ab = 0

Et avec un stock, il peut comme nous le verrons par la suite, accroître considérablement son activité, de 80% environ, ce qui dépasse amplement l'équivalent de la production abandonnée faute de stockage.

1350x1.8 = 2450. Le revenu issu de son travail augmente fortement.

Un peu à la fois, il développe son activité, en combinant mieux les facteurs de production, son activité prend de la valeur, il valorise son expérience. Il pourra recruter un compagnon pour cultiver avec lui ou vendre à sa place sur les marchés il pourra également acheter de nouveaux outils.

L'équation de sa production devient tout de même très difficile à tenir : $Y_1 = wL + rK + rK_g + vE = 2450+450+700+120=3720$

Il faut plus que doubler son produit pour un investissement de moins de 20% de ce produit R = 2450 = 1,8 fois

Nous aboutissons à cette conclusion majeure : la collectivité n'a pas d'autre choix que de financer cet investissement productif pour le petit paysan. Le remboursement K_g au lieu d'être de 700 doit être 0. Ce qui ne veut pas dire qu'elle le fait en pure perte car évidemment, à très court terme, le petit entrepreneur participera davantage à la vie économique de la collectivité en devenant un plus gros contributeur d'impôt. Excluons cependant, pour clarifier les choses, cet élément.

Donc, partons de l'idée que la collectivité améliore les résultats du petit entrepreneur avec l'équation suivante :

Période t_1

$$\mathbf{Y_1 = wL + rK + vE + rK_g}$$

Le produit de l'entrepreneur augmente considérablement :

- Les récoltes ne partent plus à l'abandon : + 700
- La collectivité investit à la première période mais elle ne cherche à en retirer aucune recette fiscale dans un premier temps donc $rK_g = 0$, mais par la suite, elle pourra fiscaliser son investissement pour retrouver sa mise de départ
- La valeur supplémentaire de la production revient entièrement au petit paysan : +700

Voyons à présent du côté de ses revenus ce que cette situation nouvelle va engendrer progressivement en termes de dépenses et d'épargne.

Durant cette période, l'investissement dans un petit entrepôt vient d'être effectué.

Donc cet entrepôt permet de mettre de côté des récoltes sur la période concernée.

Pour simplifier à l'extrême, nous annualisons la période de conservation des produits, sachant que dans des systèmes étanches, des tomates, des poissons vont se conserver quelques jours, des mangues quelques semaines, des pommes quelques mois, des céréales quelques décennies.

Le stock supplémentaire de la période précédente est compté comme une recette à venir et, comme en comptabilité, vient finalement gonfler le chiffre d'affaires.

Ce n'est en effet qu'en période 2 que le petit producteur bénéficie des efforts de conservation réalisés en période 1

Le stockage lui a en effet permis d'écouler ses mangues sur une longue période. Il fait en T_2 le bilan de ce que lui a rapporté ce stockage St_1

$$\mathbf{R_2 = 2450}$$

Le revenu du producteur augmente donc de 1100/1350, plus de 80%.

Dans l'équation vue du côté de la production nous avions :

$$\mathbf{Y_2 = wL + rK + vE + rK_g + St_2 + kSt_1}$$

Dans l'expression vE, v est une rémunération virtuelle de la capacité d'organisation. Cette rémunération n'intervient pas selon un cycle saisonnier de rémunération au fil des récoltes, comme w

Donc à la période suivante, vE n'est plus nul : le petit producteur a commencé à stocker et cette nouvelle activité lui prend du temps, un temps pris sur son activité de culture.

Elle n'entre pas directement dans ses revenus, mais simplement son activité d'entrepreneur commence à prendre de la valeur.

Le fait que cet entrepôt lui vient de la collectivité va l'inciter naturellement à travailler davantage pour ne pas réduire le temps consacré à la culture et pour l'instant $rK_g = 0$. Donc vE est un temps « d'activité économique » nouveau supplémentaire, lié à la motivation du producteur pour travailler davantage. En quelque sorte, le réflexe du producteur est de dire : puisque la collectivité m'aide avec l'apport d'un petit entrepôt, j'ai intérêt – et donc je suis motivé - à travailler davantage et toute l'activité d'organisation autour du nouvel entrepôt, je l'accomplis en dehors de mon activité habituelle de producteur.

Il consomme une partie des revenus liés à ces nouveaux stocks : C_e et le reste va constituer un formidable levier d'épargne primitive, préalable à l'investissement primitif, car le levier des stocks va désormais fournir un revenu périodique récurrent.

D'où $R = C_e + S_e = 400 + 700$

Cette épargne immédiatement va lui servir à rémunérer un collaborateur car il n'a nulle part où placer son revenu.

L'entrepreneur démarre une phase d'épargne, il ne va pas consommer entièrement le produit supplémentaire issu de son stockage.

Stock et intervention de la collectivité

Nous avons vu que la collectivité est intervenue auprès du petit producteur pour lui fournir un petit entrepôt ou contribuer à le lui fournir. Ce nouvel outil, K_g, n'est pas seulement une aide financière pour financer et installer une chambre froide de proximité. C'est aussi une formation et donc un capital social que la collectivité peut apporter à ce producteur.

Dans une politique publique de bon sens, l'urbanisation intense conduit les autorités à apporter aux habitants des villes une plus grande sécurité alimentaire, pour éviter en particulier des paniques ou de brusques mouvements populaires liés à des défauts d'approvisionnements. Partout en périphérie des villes se construisent tôt ou tard de vastes entrepôts. En France, ce développement s'est traduit au milieu du 19e siècle par la constitution de magasins généraux dont il subsiste ici et là des traces. Le financement de ces vastes entrepôts est évidemment inaccessible aux petits producteurs qui subsistent loin de la ville. La recherche d'outils de commercialisation pour les régions éloignées des villes est un sujet de préoccupation constant et les exemples de tentatives pour gommer les imperfections du marché par d'autres imperfections ne manquent pas d'être mis en évidence : grands entrepôts vides ou sous-utilisés financés par la collectivité, minimisation des risques et de la complexité de la distribution, analyse négative et trop sommaire de l'action des intermédiaires et négociants. Le développement d'un marché ne s'effectue pas sans de multiples étapes (Béavogui 2001).

En revanche, il est essentiel pour un producteur de bénéficier de l'appui de la collectivité pour monter un petit entrepôt de produits frais car cet entrepôt nécessite :

- des fonds
- du temps
- des connaissances techniques
- une capacité d'anticipation
- Il s'agit d'une étape première essentielle dans la création d'un marché.

Le petit producteur ne dispose a priori pas de ces ingrédients simultanément. Seule la collectivité peut financer l'infrastructure, même modeste, car le petit producteur n'a que rarement accès au crédit. Et quand bien même il pourrait emprunter à des taux usuraires, il faudrait que, parallèlement, il consacre une partie de son temps à suivre la fabrication de cet entrepôt, à en assurer la conception et qu'il puisse sans se tromper anticiper le retour sur investissement.

Seule donc une collectivité peut apporter la solution. Cette collectivité n'est pas forcément l'Etat, ce peut être une coopérative de moyens, un regroupement d'individus qui peuvent ressentir les mêmes besoins au même moment, avoir la même analyse et avoir la même volonté.

La place réelle des stocks dans la productivité

En intégrant le temps comme troisième dimension dans la lecture de la productivité, celle-ci change complètement d'aspect.

En effet la théorie microéconomique tend à considérer de façon implicite la sortie d'une production, immédiatement au bout d'une ligne de production. C'est une vision purement « machiniste » de la production : on entre des matières premières, on en sort un produit. Cette conception mécaniste peut être rapprochée de la conception positiviste du XIXe siècle : la machine émerveillait. Pourtant la vraie production est celle qui est comptabilisée au moment où la production Y est vendue au consommateur sur un marché. Les chiffres doivent alors intégrer le temps de stockage et les frais de transport. Pour un industriel, la « sortie machine » n'est qu'une petite partie du travail et elle est souvent éloignée de la « sortie usine », et plus encore de l'arrivée facturée chez le consommateur. Faire l'impasse sur cette réalité fait perdre tout intérêt à l'analyse.

Divers travaux ont été menés autour de la notion d'efficience technique. Il s'agit comme l'analysait, par exemple, Gérard Debreu (Debreu 1951), de la réduction maximale proportionnelle des inputs qu'une unité de production peut réaliser tout en maintenant son niveau de production. Cette approche décrit mal l'impact d'un stock en termes d'efficience.

En faisant intervenir le temps, des fonctions distance ont été élaborées pour former des mesures de la productivité à chaque période t_0, t_1 etc. (Luenberger 1995), mais la problématique reste la même : les outputs sont soit sous-entendus en sortie machine, soit compris sous forme d'agrégat comptable qui ne dit rien sur l'efficacité du stock.

Il parait donc important de donner au petit producteur des moyens de son décollage. Reste à mieux cerner à présent ce paysan ou pêcheur pauvre qui a besoin de l'intervention de la collectivité.

Nous avons vu que dans la définition donnée au petit entrepreneur nous estimons qu'il dépasse le stade de la simple survie dès l'instant où il peut commencer à stocker des produits frais et qu'à partir de ce moment, il dégage suffisamment de ressources pour gérer une combinaison productive. Quelle est sa place désormais, et comment mieux définir l'entreprise élémentaire. C'est ce que nous allons à présent aborder.

CHAPITRE 2

L'entreprise élémentaire

L'entreprise élémentaire est d'abord et avant tout l'entrepreneur élémentaire, c'est-à-dire l'entrepreneur seul dont les caractéristiques sont les suivantes :

- Il vit du revenu de son travail,
- Il a bâti de son seul travail un médiocre capital qui lui permet juste de travailler.

L'entreprise ignorée

L'entrepreneur élémentaire n'existe pas habituellement en microéconomie car la distinction entre capital et travail a divisé et simplifié à l'extrême l'activité pour mettre en valeur la place de chacun dans l'organisation sociale. Ce faisant, les économistes ont passé sous silence un acteur qui s'intègre mal dans le cadre analytique fourni par ces deux facteurs de production.

La division entre capital et travail a permis d'analyser la structure et l'évolution du capitalisme, de mettre en évidence des rapports sociaux. Et contrairement à ce qui est généralement admis, cette division simplifiée de la réalité sociale n'est pas l'apanage exclusif de la théorie néo-classique. Néanmoins cette représentation d'une économie universelle faite de réalités intangibles n'a pas d' « histoire » : un salarié vend sa force de travail… personne ne sait pourquoi. Un capitaliste fait du profit avec son capital… personne ne sait d'où vient son capital, il a un capital c'est une réalité intemporelle et intangible. L'économie classique regardera ces deux « classes » à travers des rapports de force et avec une direction historique vers un monde socialiste. Ces deux approches irréconciliables ont laissé de côté un gigantesque pan de la vie économique, celui des entrepreneurs élémentaires, majoritaires dans les pays en développement.

Ce n'est pas qu'une subtilité doctrinale, car, faut-il le préciser dès l'origine, le cultivateur-chasseur est d'emblée un entrepreneur individuel, même si son environnement social, son clan, sa tribu, son habitus indiquent qu'il n'est évidemment pas seul, il organise son travail et son capital pour assurer au mieux le développement de sa production.

Avec un regard contemporain, on peut certes défendre la thèse d'une exploitation de ces entrepreneurs individuels par des capitalistes du monde développé, mais il faut à un moment reconsidérer l'origine de l'organisation économique d'une collectivité, laquelle a forcément concerné auparavant les sociétés occidentales. On peut donc tout aussi bien définir **l'organisation de l'entrepreneuriat individuel comme la source de l'organisation économique collective.**

De ce fait, l'approche de l'entrepreneur individuel oblige alors à repenser les facteurs de productions classiques – le capital et le travail - en considérant que ces ingrédients auxquels sont associés des individus ne peuvent suffire : des « travailleurs » et des « capitalistes » mis ensemble n'aboutissent à aucune production.

Cette approche a son importance car dans la microéconomie de la production, cette étape initiale caractéristique de l'enclenchement du développement reste inexistante. En effet la microéconomie se concentre le plus souvent sur les facteurs du travail, du capital. En réalité cette approche par les facteurs de production se heurte depuis l'origine à une absence de taille d'un facteur clé dans la production : l'entrepreneur lui-même, chargé de la combinaison productive. Ou s'il est introduit, naît immédiatement une confusion puisqu'on lui attribue le profit en guise de rémunération, tandis que le capital ne génèrerait que des intérêts… ce qui n'est pas tout à fait la réalité d'une bourse des valeurs.

Sans entrepreneur pas de production. A fortiori, dans une unité élémentaire où le travail et le capital sont issus du seul et même individu.

Traditionnellement les deux grands types d'inputs : la main d'œuvre et le capital se transcrivent sous des formes intéressantes sur le plan mathématique, mais ingérables dans la réalité. On trouve en effet le capital physique qui englobe l'immobilier aussi bien que les machines de production, le capital humain qui « reflète les connaissances » (Briec and Peypoch 2010), le capital social et culturel.

La théorie ne s'est jamais vraiment appesantie sur la nécessité d'un facteur terre qui représente aussi un capital, à moins qu'il ne génère une rente. Il est ainsi plus facile d'appréhender cet input comme un capital que d'intégrer la connaissance dans le capital. Les physiocrates l'ont mis au cœur de leur approche et Adam Smith en a fait l'un des trois facteurs de production, mais sans aboutir à une compréhension de la dynamique économique, alors que la confrontation du travail et du capital s'est avérée plus porteuse et a pu servir de véritable fondement d'organisation politique.

La littérature abonde de développements mathématiques autour des facteurs de production à partir desquels sont établies des isoquantes, des combinaisons de production sur des frontières d'efficience, des graphes de technologie, des rendements d'échelle, des classifications du progrès technique selon sa neutralité, des indices de productivité, etc. Les débats sont donc centrés sur une formalisation d'intuitions initiales, telles que par exemple : *« si le prix du travail augmente, le producteur va préférer, toutes choses étant égales par ailleurs, augmenter l'usage du capital »*.

Ces approches reflètent effectivement une réalité issue du bon sens. Sauf que cette assertion basique ne nous dit rien de l'accès du producteur au capital, de sa possibilité de mécaniser ou d'automatiser, de ses marges de choix. Ce sont donc immédiatement des dizaines de conditions qui sont nécessaires pour la réalisation d'un glissement sur une isoquante. Au final, la volonté de définir un modèle hypothético-déductif fait perdre complètement le point de vue inductif de départ.

Depuis Adam Smith et sa manufacture d'épingle, les approches de la productivité se sont inspirées de nombreux exemples tel celui de Perkins, Radelet et Lindauer (Perkins, Radelet et al. 2008) dans leur manuel sur l'économie du développement : « un petit fabricant de chaise pourrait, au départ, affecter chaque travailleur à la fabrication d'une chaise, de A jusqu'à Z. En réorganisant l'effectif de manière à spécialiser chacun de ses ouvriers dans une tâche (…), il pourrait accroître la production totale ». Ces exemples foisonnent dans la littérature, mais jamais ils ne nous disent comment le fabricant démarre. Jamais ils ne nous disent que le fabricant au départ est le seul ouvrier et qu'il n'a aucun moyen de « réorganiser l'effectif ». Il a à peine de quoi s'acheter un maillet, de la colle et des tarières à bois, comment fait-il donc pour évoluer sur sa frontière technologique, comment fait-il pour changer d'isoquante ? Pour rendre endogènes aux fonctions de production ces éléments essentiels, il faut reconsidérer la place du producteur et le placer au cœur même des facteurs de production, plutôt que d'en faire un simple manipulateur de facteurs de production.

L'entrepreneur gère la combinaison productive

L'idée de mettre le producteur comme l'organisateur des facteurs de production permet de conserver le système en place avec deux facteurs de production capital et travail. Ceci étant, nous l'avons vu, cette représentation ne donne pas une véritable place à l'entrepreneur comme le travail donne une place au salarié et le capital donne une place au capitaliste. Donc il faut bel et bien définir **un troisième facteur de production essentiel pour plus d'un milliard d'individus dans le complet dénuement : le facteur entrepreneuriat**

L'approche n'est pas complètement nouvelle. Jean-Baptiste Say avait déjà mis en exergue la fonction de l'entrepreneur qui combine les facteurs de production. Mais, dans cette acception, l'entrepreneur n'est pas lui-même facteur de production. Joseph Schumpeter qui a mis également en évidence le rôle du chef d'entreprise, a une vision assez originale : les paysans, des personnes de profession libérale ou encore des fabricants, des industriels et des commerçants ne sont pas nécessairement des entrepreneurs. En revanche, des agents économiques « dépendants » d'une société tels des directeurs ou des membres de comité directeur sont entrepreneurs, de même ceux qui vont donner des formes nouvelles à des exploitations comme les financiers ou les spécialistes du droit financier.

L'intérêt d'une définition est de désigner et de classer des éléments pour ensuite pouvoir suggérer une analyse. En ce sens, la notion d'entrepreneur, essentielle pour l'économie du développement, doit rester centrée sur des concepts simples ; ou alors elle finit par englober une telle diversité d'approches qu'elle ne permet plus d'avancer une analyse.

Le risque de la définition de l'entrepreneur est de tomber dans des délimitations impossibles et la multiplication des nuances comme a tenté de le faire Joseph Schumpeter. Il souligne fort justement qu'un entrepreneur ne l'est jamais toute sa vie, que des hommes d'affaires le deviennent peu ou prou à un moment de leur vie, que des chercheurs finissent eux aussi par mettre sur pied leur création propre. Etre entrepreneur selon Schumpeter « n'est pas une profession, ni surtout, en règle générale, un état durable ». C'est ici qu'il convient de s'éloigner de la définition de Schumpeter car pour lui un entrepreneur de commerce vénitien du XIIe siècle, n'est réellement entrepreneur qu'au moment où il « exécute de nouvelles combinaisons » productives et non s'il continue d'exploiter son entreprise.

En économie du développement, il est essentiel de considérer les petits producteurs autonomes d'une communauté, d'une cellule familiale comme des entrepreneurs – obligés – durant toute leur vie active. A la différence de la définition de Schumpeter, en économie de subsistance,

- **l'état d'entrepreneur est durable**
- c'est **une classe à part du travail et du capital**, tout en sachant qu'au départ de la vie active de l'entrepreneur, celui-ci rassemble sur sa personne les facteurs travail et capital

Il parait vain ici de chercher à définir qui est ou n'est pas entrepreneur dans une société développée. Joseph Schumpeter met l'accent sur la capacité de l'entrepreneur à créer de « nouvelles » combinaisons productives qui est l'essence de l'entrepreneuriat. En mettant l'accent de ce fait sur l'innovation, se pose un problème conceptuel non négligeable : à quel moment l'entrepreneur est-il innovant ? Faut-il considérer la période de très court terme, voire instantanée où une innovation émerge ou bien peut-on y inclure toute la durée du cycle d'une innovation.

Dans le cas présent **l'entrepreneur est** simplement **celui qui organise et gère la combinaison productive**... de toute façon, l'environnement brutal est tel que cet entrepreneur est obligé à intervalle régulier d'imaginer de nouvelles combinaisons pour survivre.

L'entrepreneur est le troisième facteur de production

En prenant en compte l'entrepreneur élémentaire, du même coup, se trouvent résolues des notions de capital social et de progrès technique, car l'entrepreneur est celui qui va insuffler des éléments de formation dans son entreprise : il va évoluer lui-même et décider de l'évolution de ses collaborateurs en les formant. De même, il va choisir les technologies à adapter à son activité. Ces choix vont définir la valeur de son entreprise, laquelle est elle-même associée au facteur de production qu'est l'entrepreneur et donne le prix de ce facteur.

L'ajout de ce troisième facteur de production à travers l'entrepreneur permet de résoudre de nombreuses difficultés conceptuelles de la microéconomie. En effet, l'entrepreneur est traditionnellement défini comme le « producteur », c'est-à-dire celui qui va produire grâce aux deux facteurs dont il dispose : le capital et le travail. Or cette représentation qui prévaut depuis des décennies permet de calculer les « frontières de production efficaces » (Briec and Peypoch 2010). De là découlent de multiples raffinements mathématiques qui permettent de mesurer les accroissements de productivité des deux facteurs, leur neutralité respective, d'ajouter des fonctions de prix, etc.

Cette représentation traditionnelle ne permet pas de comprendre réellement la fonction de production. En effet, elle contraint à mettre sur le même plan des aspects humains et matériels, auxquels viennent s'ajouter des prix. Ainsi, le capital est un matériel qui a un prix. Le travail est plus difficile à définir. Est-ce un ingrédient que l'on rémunère ou un individu ? Quel est le sens de cet ingrédient : un travail à la pièce ou une mission d'organisation ? Que rémunère-t-on exactement un produit ou un individu ? Enfin quelle est la place de celui qui entreprend : elle est traditionnellement inexistante dans la fonction de production car on considère que l'entrepreneur est celui qui détient la fonction de production.

L'approche théorique classique ou néoclassique suggère également que l'entrepreneur est présent dès lors que l'on introduit la notion de profit, puisque l'entrepreneur est censé rémunérer ainsi son risque. En réalité, pour clarifier ces notions de facteurs de production, il faut rattacher complètement le profit au capital **: l'entrepreneur ne prend aucun risque car il n'a pas besoin d'argent dans sa fonction entrepreneuriale. Ce sont les capitalistes qui le lui apportent**. Et s'il apporte des capitaux, c'est dans sa fonction de capitaliste qu'il rémunère un risque, de même s'il est unique salarié, il rémunère son travail. La définition de l'entrepreneur comme un personnage ne prenant aucun risque peut surprendre. Mais la notion de risque est très variable : un salarié peut prendre le risque de changer d'emploi et perdre au final des avantages qu'il espérait supérieurs dans sa nouvelle société. Un capitaliste, lui perd réellement de l'argent si la société dans laquelle il investit s'effondre. Quant à l'entrepreneur, il prend aussi le risque de voir son affaire péricliter, mais dans notre approche, il n'est nullement affecté à titre personnel sur le plan financier. Et s'il est impacté, c'est uniquement parce qu'il aura investi dans son affaire en tant que capitaliste, comme il aura pu investir dans son entreprise comme « travailleur ».

Reste à savoir quelle sera la rémunération de l'entrepreneur : cette rémunération n'apparait-elle qu'à la fin du cycle complet de vie de l'entrepreneur, lorsqu'il cède son activité ? Le patrimoine qui se négocie sur un marché d'acquisition fait alors apparaître la valeur créée par l'entrepreneur au cours de sa vie d'entrepreneur. C'est un peu une rémunération que l'on pourrait qualifier de « mezzanine » en référence aux prêts du même nom.

Cette rémunération ressemble au profit, mais n'est pas vraiment assimilable. Imaginons qu'au cours de son existence d'entrepreneur, le dirigeant ait cédé 20% de la valeur de l'entreprise à un moment donné t sous forme d'actions. Dix ans plus tard, il met fin à son activité et cède son affaire : la rémunération du capitaliste représente les 20% du capital mis au départ et le profit apparu entre t_1 et t_{10}. Les 80% restant forment le patrimoine que s'est constitué le chef d'entreprise par la combinaison productive, par l'organisation qu'il a su donner à son affaire en utilisant judicieusement le capital et le travail : à la différence du capitaliste, il a travaillé à la constitution de ce patrimoine pour le valoriser. Après la vente de son affaire, le patrimoine se transforme en capital, de la même façon que l'épargne d'un salarié peut également se transformer en capital.

La notion de propriété, de patrimoine, n'est pas l'objet de l'étude et fait débat depuis John Locke, mais en clarifiant la rémunération de l'entrepreneur, du même coup apparaît plus distinctement le mode de fonctionnement de l'entreprise élémentaire : **le paysan ou l'artisan isolé cumule en fait trois fonctions : il est son salarié, il est son capitaliste, il est l'entrepreneur et il bénéficie de trois rémunérations différentes.**

Cette taxonomie change tout et permet d'aborder l'économie du développement avec des solutions nouvelles.

En effet, considérer que le producteur manipule deux facteurs de production : le capital et le travail laisse supposer une domination de l'activité économique par l'entrepreneur. Or, les crises économiques régulières laissent plutôt penser que, dans la répartition des rôles, le financier qui détient le capital est davantage l'architecte de l'économie. Si donc, dans la version microéconomique, le capitaliste qui perçoit une rémunération de son capital est juste un facteur de production, alors il est préférable également de placer l'entrepreneur comme facteur de production, de le séparer du capitaliste, avec une rémunération spécifique de sa capacité à générer une combinaison productive.

Ainsi, la microéconomie peut davantage décrire l'activité du petit producteur livré à lui-même, qui est tout à la fois son propre patron, celui qui travaille et celui qui fournit aussi le maigre capital. La microéconomie est également davantage capable de décrire l'activité d'une petite collectivité qui gère la fonction de production. La fonction de production en effet n'appartient plus à personne – le producteur n'est plus désigné – et *a priori* nul n'est désigné pour « manipuler » la fonction de production. Celle-ci peut donc appartenir à une collectivité ou plus concrètement à une coopérative de production.

De même l'organisation de la production peut davantage refléter l'expérience d'une aventure humaine collective avec un regard porté sur tous les acteurs : le travailleur, l'entrepreneur, le capitaliste. Dès lors l'Etat peut être l'architecte de la production ayant, de par son action, une influence sur la productivité globale, agissant sur l'un ou l'autre des facteurs par l'injection de fonds ou encore par une politique fiscale ajustée sur tel ou tel facteur.

Pour illustrer l'intérêt de définir trois facteurs de production, on peut par exemple considérer que la rencontre entre des individus n'offrant que leurs bras et des capitalistes n'apportant que de l'argent, n'aboutit strictement à rien. Cela rappelle que l'injection de fonds dans les pays en développement n'est pas toujours couronnée de succès et que le rôle assumé par la communauté internationale d'être le « capitaliste » d'un pays ou d'une région ne peut suffire à assurer un décollage économique.

L'entrepreneur-travailleur-capitaliste

Ces considérations nous amènent à poser un postulat pour « styliser » les faits de la croissance des pays émergents. Ce premier postulat que nous allons développer est le suivant :

***Dans une économie en développement,
tous les actifs pauvres au seuil de la subsistance
sont entrepreneurs.***

Les conséquences dans l'analyse sont nombreuses puisqu'effectivement, on fusionne les deux facteurs que sont le capital et le travail avec l'entrepreneur. Cette approche, encore une fois, ne remet pas en cause toutes les avancées de la réflexion sur l'innovation des firmes (Marx 1867 1963 ; Gaffard 1990 ; Reynier 2008). Elle se situe en amont et n'a d'autre ambition que de « débloquer » la réflexion autour de l'accumulation primitive du capital et de la rente.

La conséquence est de replacer l'exploitant individuel au cœur de la dynamique économique et de le déculpabiliser. Ainsi, pour le stockage et ses conséquences, se trouve justifiée l'idée que des chambres froides autonomes utilisables et constructibles par un seul individu dans les zones les plus déshéritées, sont utiles, en premier lieu, pour l'individu avant d'aider cet individu à mieux vendre sur un marché. Et elles ne peuvent s'analyser de la même façon que la construction, par exemple, de grands entrepôts frigorifiques aux abords des grandes conurbations des pays émergents. Les deux permettent d'entreposer des produits pour un marché, mais se pensent en théorie et en pratique de façon complètement différente.

Keynes explique le comportement des entrepreneurs à travers leurs décisions d'investissements dans « la sphère réelle » à « l'issue de la comparaison entre l'efficacité marginale du capital (c'est-à-dire le rendement escompté de l'investissement productif) et le taux d'intérêt (ou encore le taux d'intérêt des titres). Si l'efficacité marginale du capital est supérieure au taux d'intérêt, les entrepreneurs ont intérêt à accroître l'investissement en se finançant à moindres frais ». Dans le sens inverse, les entrepreneurs vont chercher à acheter des titres plutôt que d'investir (Keynes 1936).

Evidemment, nous sommes très loin du modeste pêcheur Mauritanien, ou du petit cultivateur Somalien. Que savent-ils des taux d'intérêt et de l'efficacité marginale de leur maigre capital, alors qu'ils cherchent à survivre au quotidien ? Certes, on peut en déduire que notre définition de l'entrepreneur est simplement mauvaise et qu'il faut la restreindre. Mais comment alors admettre que parmi 1.4milliard d'individus, vivant avec moins de 1.25 dollar par jour (Chen and Ravallion 2008) le plus souvent dans des communautés homogènes, il ne puisse y avoir aucun entrepreneur en leur sein ?

Joseph Schumpeter apporte une définition très proche de la thèse présentée ici et beaucoup plus pertinente que Keynes pour notre propos. Il définit l'entrepreneur comme un individu qui utilise de nouvelles combinaisons de facteurs de production. Et il ajoute – point important pour l'analyse : « Dans l'activité universelle du chef d'une horde primitive, il est difficile de séparer les éléments de l'entrepreneur des autres éléments. Pour cette raison, l'économie nationale a éprouvé des difficultés à distinguer, dans le fabricant d'il y a cent ans, le capitaliste de l'entrepreneur » (Schumpeter 2001).

La différence que nous apportons avec la définition de Schumpeter est que celui-ci précise que personne n'est entrepreneur toute sa vie. En clair, au moment où il s'investit pleinement dans son activité d'innovation, de création, il est entrepreneur. Par la suite, il peut devenir capitaliste, simple manager… La définition est de Joseph Schumpeter et est évidemment incomplète, car le flou autour des limites temporelles de la fonction de l'entrepreneur ne permet pas de lui donner la moindre consistance statistique. Pourtant, Joseph Schumpeter nous permet le mieux de nous approcher du pêcheur

Mauritanien. Simplement, nous y ajoutons que **l'entrepreneur** une fois qu'il a « entrepris » **conserve son statut d'entrepreneur**, durant toute son activité liée à sa création initiale. Pourquoi accorder autant d'importance à cette définition surprenante de l'entrepreneur, simplement parce qu'elle nous permet de résoudre le problème de l'introduction d'innovation et de sa durabilité dans une société peu avancée sur le plan technique.

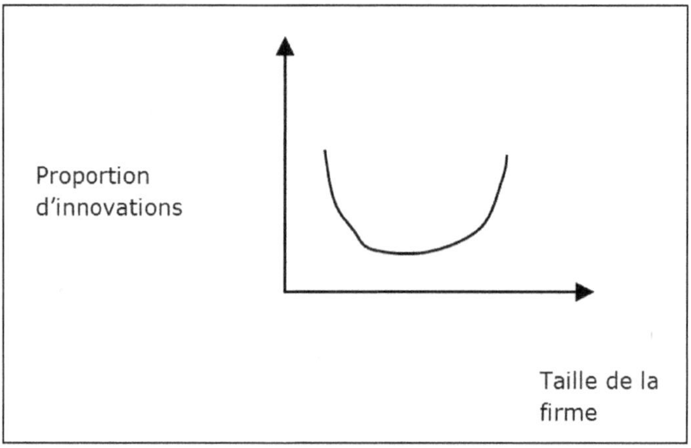

En disant que tout actif dans un pays en développement est entrepreneur, nous pouvons ainsi mieux dire que le pêcheur Mauritanien sera perméable à l'innovation pourvu que celle-ci résolve son problème quotidien de survie. Par ailleurs, s'il innove dans son mode de vie, par une innovation qui interfère tout à la fois dans sa production, sa consommation, sa participation au marché, il est probable que son innovation va lui assurer un re-classement pour des décennies, peut-être pour la vie. Donc, nous ne considérons pas seulement l'entrepreneur au moment – indéfini de Schumpeter – où il procède à de nouvelles combinaisons, mais nous y intégrons la période des conséquences dans le temps de sa fonction entrepreneuriale, pour sa vie personnelle.

Par cette approche, issue des réflexions de Schumpeter, des acteurs économiques complètement démunis du point de vue de la fabrication de leur produit peuvent espérer retrouver une place. Il n'y a plus seulement une vision par les capabilités, le capital social, mais une approche par la généralisation de l'entrepreneur. Le développement fulgurant d'une innovation telle que le téléphone portable en Afrique, qui compte désormais 300 millions d'abonnés contre 20 seulement pour le téléphone filaire en est un exemple assez révélateur

(Association mondiale des Opérateurs (GSMA), OCDE et al. 2011). Avec le téléphone portable, de nouvelles combinaisons productives apparaissent. Le portable devient un outil de règlement et d'échanges monétaires. Donc, dès qu'un besoin peut être satisfait, les Africains, comme partout ailleurs, s'y engouffrent. Est-ce important de savoir si l'Africain qui utilise le téléphone portable peut être classé comme consommateur pour ses appels personnels, comme producteur s'il utilise le téléphone pour son commerce ? Est-ce que l'on peut réellement dire que le téléphone est un « actif », un « capital » ? N'est-il pas intimement lié à son travail personnel ? Et dans sa vie personnelle, les contacts nouveaux qu'il peut avoir grâce au téléphone portable, contacts qui peuvent déboucher sur des échanges commerciaux, sont–ils seulement des actes de consommation ? Assurément, non. Si le téléphone portable est un simple outil supplémentaire de communication dans l'Occident, ce qui resterait à démontrer, pour les pays en développement, un téléphone peut avoir un impact fort sur une réorganisation de la vie économique domestique d'un individu pris comme un tout. Il est donc intéressant dans la phase de l'accumulation primitive du capital de ne pas précisément chercher à raisonner avec deux facteurs de production bien distincts, capital et travail.

Le deuxième postulat est donc de dire :

En phase d'accumulation primitive de capital,
les trois facteurs de production – capital, travail, entrepreneuriat – sont fusionnés en un seul facteur : l'entrepreneuriat

Le triptyque capitaliste

A travers l'idée de l'entrepreneur, non pas comme figure centrale dans les dynamiques du développement économique (Facchini juillet-septembre 2008), mais comme figure universelle – *tout le monde pauvre est en réalité entrepreneur* – surgit une idée sous-jacente importante pour l'analyse, ce que nous appelons le triptyque capitaliste.

Le fondement de la représentation des acteurs de l'économie est le suivant. Dans la littérature économique, en général s'affrontent deux figures aux intérêts divergents : les salariés et les capitalistes. On oublie généralement, et c'est tout l'intérêt des développements de Joseph Schumpeter, le troisième intervenant : l'entrepreneur.

Ces trois « acteurs » ont des intérêts personnels et des modes de rémunération différents :

- Le salarié bénéficie d'un revenu et éventuellement d'une sécurité, d'une rente qui peut lui être accordée sous forme d'assurance chômage par exemple, ou de garantie de revenu en cas de chômage technique. Ce revenu, comme son nom l'indique est une ressource qui « revient » tant qu'il offre sur le marché son temps de travail.
- L'entrepreneur qui assure « la combinaison productive » de son côté perçoit un revenu qui n'est pas un salaire, ni un revenu du capital. C'est son activité entrepreneuriale, plus difficile à cerner en termes de revenus, mais qui généralement peut s'assimiler à la valorisation de ses moyens de production qu'il a intégrée dans son activité créatrice : l'entreprise avec la valeur ajoutée qu'il y apporte sous toutes les formes : savoir-faire, brevets, portefeuille commercial, outils, etc. C'est une rente qu'il va pouvoir faire fructifier en fonction de son habileté à combiner le travail et le capital, en y adjoignant l'innovation nécessaire.

  S'il perçoit un salaire, c'est en tant que salarié qui se fait rémunérer au temps de travail fourni, s'il perçoit des dividendes, c'est une rémunération prélevée sur le patrimoine qu'il se constitue.
- Le capitaliste est rémunéré sur les risques qu'il prend en prêtant des fonds à l'entrepreneur. Généralement ces fonds, de par leur rareté sur le marché, lui permettent de se saisir d'une partie des revenus de l'entrepreneur en prenant des actions, qui lui permettent de mieux contrôler le risque, au-delà de la rente fournie par des obligations par exemple. Le spread des obligations – l'écart entre le coût et la rémunération de l'intérêt – est normalement la rémunération du risque du capitaliste.

La différence entre le capitaliste et l'entrepreneur est simple : l'entrepreneur se constitue un patrimoine - qui devient un capital « liquide » s'il est utilisé ailleurs que dans l'entreprise - le capitaliste, lui, prête des fonds et prend un risque. La vocation de l'entrepreneur n'est pas de prendre des risques mais des décisions d'arbitrage et de procéder par essais-erreurs dans ses choix de combinaison productive.

Ces trois acteurs sont perçus comme étant en situation de rapport de force pour s'octroyer la plus grande sécurité des ressources possible, et mieux encore pour recevoir le principal des ressources liées à l'activité productive.

Ces trois acteurs ne sont pas figés et peuvent évidemment se situer partiellement, ou momentanément, dans une catégorie ou une autre. C'est ainsi que le salarié peut être investisseur et devenir « business angel » par exemple, le capitaliste peut être aussi entrepreneur, tout comme le salarié. Le capitaliste peut également être un salarié retraité.

L'affirmation du principe de base que tout le monde pauvre est entrepreneur renvoie à l'idée des premiers entrepreneurs. En remontant plus loin encore que les activités en Mésopotamie ancienne (Baumol, Landes et al. 2010), on peut imaginer le « premier homme », la « première femme » comme des individus ayant à la fois besoin de rémunérer leur temps de travail dans une activité productive, de combiner l'utilisation d'outils dans une tâche agricole ou d'élevage en tant qu'entrepreneur, et enfin de gérer des outils, un atelier qu'ils ont créés dans la durée et un territoire qu'ils se sont octroyé. Mais ils ne sont pas capitalistes tant qu'ils n'échangent rien de leurs ressources, ni de leur patrimoine pour investir chez d'autres individus.

Parfois, pour améliorer son sort, *l'homo sapiens* ou l'*homo neanderthalensis* peut avoir envie de capturer du temps de travail chez son voisin en en faisant un esclave, tout comme il peut avoir envie de s'octroyer des territoires déjà occupés. La violence, la prédation, la guerre ne peuvent cependant pas s'assimiler à une activité d'entrepreneur mais à une organisation collective primaire, qui vient se superposer et soutenir le développement économique – espéré de ce comportement violent – ou tout simplement assurer la survie du groupe.

Néanmoins, l'idée centrale reste de dire, qu'au fond, lorsque l'on peut réunir chez un même individu les diverses facettes nécessaires de son fonctionnement, il peut plus facilement évoluer avec des innovations, la logique voulant qu'avec des règles sociétales mieux établies qu'au néolithique, l'individu ne saurait être en conflit avec lui-même pour tout à la fois passer du temps à travailler, à placer ses ressources dans une activité, et à « combiner » ces ressources avec son temps de travail.

Pour réunir en une seule figure ce que nous pouvons appeler le triptyque capitaliste – capital, travail, combinaison productive – il faut pouvoir apporter simultanément à un individu déclassé, qui ne dispose de rien, à la fois un capital « primitif » et une innovation dont il pourra se servir pour organiser son travail. Mais pas n'importe quel travail comme nous le verrons plus loin.

Ainsi, tout en reconnaissant le côté simplificateur de cette vision unificatrice, émerge une solution au « reclassement » des plus démunis : un minimum de capital étant associé à une innovation, pour donner l'impulsion nécessaire à une activité créatrice de richesse. Le capital, en soi, ne suffit pas. Il est indispensable de lui associer une dynamique entrepreneuriale, tout en s'assurant, enfin, que l'individu est « culturellement » prêt à consacrer du temps à un travail.

Ce postulat, cette « clé » d'une unification dans l'activité productive, n'est pas seulement utile pour le décollage d'un pays émergent, il est tout à fait réaliste également pour un pays développé, enlisé dans le chômage. Au moins va-t-il nous servir de fondement dans l'analyse du stockage et plus concrètement de l'implantation de chambres froides autonomes.

Tableau de l'entrepreneuriat

	caractéristiques	le facteur travail	le facteur capital	position vis-à-vis de la rente (ou rendement de la combinaison productive)	position vis-à-vis de la combinaison productive	position vis-à-vis de l'innovation
l'entrepreneur démuni	il ne dispose d'aucun bien. Il essaie vainement de composer avec sa force de travail, de la proposer pour créer de la richesse. Il cherche chaque jour quelque chose à faire pour manger. Il caractérise un milliard d'individus	le travail est son seul facteur disponible qu'il essaie de combiner avec le capital d'un autre entrepreneur : par exemple un propriétaire va lui proposer une barque de pêcheur.	il ne dispose de rien	il ne peut rien protéger : n'a aucune propriété personnelle ou industrielle (brevets…). Il ne bénéficie d'aucun rendement dans le sens de la restitution d'une rente	chaque jour il essaie de combiner de façon optimale son facteur travail avec le capital d'un autre entrepreneur	il ne peut innover et donner de la valeur qu'à des gestes ou un tour de main pour réaliser une opération. Sa capacité d'innovation n'est pas protégeable pour dégager une rente et elle est facile à dupliquer
l'entrepreneur manuel	c'est un entrepreneur démuni au départ qui a réussi à se financer un outil de travail à "portée de main", aussi modeste soit-il : un table, un panier pour vendre sur un marché, une balance, une hache…	le facteur travail reste sur-représenté par rapport à un volume modeste d'outils qui ne conviennent pas constamment à sa production	il autofinance entièrement son capital	son capital ne finance que le cycle de production. Il ne bénéficie d'aucune situation de rente : il n'a pas de rendement	Il dispose de peu de combinaisons possibles, mais utilise essentiellement son propre capital	il lui est quasiment impossible d'innover, tout comme l'entrepreneur démuni

l'artisan individuel	à partir de quelques outils (des pinceaux, une échelle..) il propose sur le marché un métier qui peut le nourrir. Il finit par pouvoir emprunter	sa force de travail finit par être reconnue car il accède à une combinaison productive négociable sur le marché : par exemple il peut être capable de tailler des arbres correctement ou de peindre des façades, réparer des toitures…avec ses propres outils.	il peut espérer accéder modestement à un financement bancaire	il peut mettre un peu d'argent "de côté" pour préparer des investissements. Il a un peu de rendement. Si la rémunération de l'épargne est supérieure au rendement espéré de l'investissement, alors il préfèrera utiliser son maigre capital comme rente (il va par exemple louer une chambre ou une barque à des gens démunis	il dispose d'une capacité d'organisation de son temps et ses outils peuvent être optimisés. Il peut par exemple choisir de meilleurs pinceaux pour travailler mieux ou plus rapidement. Il peut espérer emprunter pour s'acheter un moyen de déplacement.	il commence à avoir une réelle capacité d'innovation. Il peut faire les choses différemment : par exemple avec de la peinture, un pinceau et une échelle, il peut mieux peindre une façade que d'autres, et le résultat peut commencer à être visible. Ses efforts pour se différencier peuvent commencer à êtres payants.
le petit patron	il n'entreprend plus seul. Il parvient à acheter du matériel pour lui et au minimum un apprenti	il gère une équipe et au minimum un apprenti. Il leur fournit les outils et leur apprend le métier qu'il a acquis par son expérience	il peut accéder au crédit, dans des volumes classiques (par exemple : 3 fois le montant de ses fonds propres)	chaque salarié a priori lui rapporte un petit capital - un rendement - (sinon il n'aurait aucun intérêt à les embaucher), notamment du fait que le volume de force de travail qu'il peut proposer lui permet d'accéder à des marchés plus importants. Sa capacité d'organisation commence à le rémunérer.	d'un petit patron à un autre, sur un même marché, les combinaisons peuvent être assez différentes. Donc l'organisation du petit patron commence à avoir un réel impact sur son développement. Selon ses capacités, il attirera des forces productives plus performantes qui l'aideront à accroître sa rente.	l'innovation est à portée de main, mais il peut difficilement encore la protéger de la concurrence. Il n'entre pas encore dans un système régulé tel que les brevets d'invention. Sauf à vouloir passer de façon volontariste à des étapes de développement supérieur.

le patron	il est la figure classique du patron de PME en Occident. Son équipe commence à devenir importante et il commence à déléguer l'organisation directe de la production et la gestion : des collaborateurs gèrent directement la combinaison productive du travail et du capital	il manage au quotidien une équipe le plus souvent grandissante dont il délègue partiellement la gestion	avec trois bilans dégageant des marges bénéficiaires, il élargit sa capacité de financement et peut augmenter les emprunts pour financer son développement sans céder son capital. Il peut éventuellement faire appel au marché des capitaux : obligations s'il atteint plusieurs millions de chiffre d'affaires, fonds communs de placement s'il obtient un agrément...	le capital dont il dispose, comme le volume de travail, lui procure un rendement : une rente de situation. Au mieux il va combiner les facteurs, au meilleur sera la rente de situation qui est également sa vraie rémunération.	il est en quelque sorte le chef d'une petite tribu et s'il se développe, il devient "capitaine d'industrie" : il dose quotidiennement les proportions de capital, de travail, d'innovation. Il gère les dysfonctionnements. Son métier de patron s'exerce à temps plein. Il n'a quasiment plus d'activité salariée ou ne travaille plus directement comme facteur travail.	Il a la capacité d'accéder aux brevets dans des proportions limitées. Il comprend que ces brevets peuvent lui permettre de bénéficier d'une protection régulée par l'Etat. Il peut au cours d'une période innover fortement, mais pas en permanence en général. Il lui faut absorber les innovations
le grand patron ou dirigeant manager	ce n'est plus à proprement parler un entrepreneur au sens de Schumpeter. Il organise la stratégie de la combinaison productive. Mais il est essentiellement un salarié, même si ses stocks option ou éléments de propriétés de l'entreprise ont une valeur importante	il a à sa disposition des quantités énormes de travail. Les risques de mal gérer des milliers de salariés sont contrebalancés par une organisation de sa fonction. Dans la plupart des cas, il n'est pas propriétaire. La propriété est diluée. Il a lui-même un statut de salarié.	il peut accéder largement au marché des capitaux avec l'appui d'intermédiaires.	une très forte rente est issue de l'activité de la grande entreprise en général, mais cette rente est complètement diluée auprès des salariés et plus encore des actionnaires	Il peut éventuellement être exclu de l'entreprise en fonction de ses résultats. Il n'a pas de rémunération de rente pour son activité, étant donné que la rente est le plus souvent diluée au sein d'un très grand nombre de propriétaires	il dispose d'une très forte capacité d'innovation et donc de protection. Mais ce n'est pas pour son compte propre. Il peut se permettre de déposer des milliers de brevets en attendant que, peut-être, un sur cent lui permettra d'assurer l'essentiel de son développement

le capitaliste	il ne participe pas à la combinaison productive. Il prend éventuellement la propriété d'une partie des facteurs de production pour les orienter dans le sens d'une plus grande rentabilité à son profit	il est réduit au minimum. Il délègue éventuellement l'analyse de dossiers d'investissements pour minimiser les prises de risque	il utilise son capital pour prendre des risques dans les entreprises. Il minimise les risques. Il s'efforce de capter au maximum la propriété de l'entreprise à son profit pour prendre une partie de la rémunération de l'entrepreneur	il est capable de s'accaparer la rente de l'entrepreneur. C'est tout le problème du capitalisme financier où le capitaliste, dans un système non régulé, peut du fait de sa position, non seulement financer le cycle de production d'une entreprise mais avoir un poids suffisant pour s'accaparer la rente de l'entrepreneur par le biais de titres de propriétés	il n'a aucune activité de combinaison productive. Il surveille en revanche, par son implication financière, celle de l'entrepreneur	il n'a qu'un rôle éventuel de surveillance de l'innovation. Il n'intervient pas directement.
le salarié	il n'entreprend pas directement dans l'activité économique	il se contente de proposer sa force de travail sans chercher par lui-même à la combiner avec un capital. Il vend du temps de travail à un entrepreneur qui le recherche pour ses capacités. A la différence de l'entrepreneur démuni, il peut choisir ce statut de salarié qui le protège	il peut disposer d'un capital important qui relève essentiellement d'un patrimoine privé. Il peut éventuellement spéculer avec ce patrimoine en dehors de son temps de travail et devenir ainsi capitaliste.	la rente est constituée par la protection donnée à sa force de travail : il peut tomber malade, il peut prendre une retraite qu'il anticipe dès le premier jour de son activité.	il peut combiner son activité de salarié avec une deuxième activité extérieure de capitaliste : il peut gérer le patrimoine qu'il accumule au cours d'une vie : revendre une maison pour en acheter une plus grande, défiscaliser ses impôts en prenant des parts dans une entreprise ou en achetant des parts obligataires, etc.	sauf si sa force de travail consiste à innover, il n'a nul besoin de se montrer innovant dans une combinaison productive si on ne lui demande pas.

Approche qualitative à travers l'acteur, le rentier, le prédateur

Dans la mesure de l'innovation, et notamment des innovations qui concernent le stockage, comme des chambres froides solaires autonomes, qui nous occupe, il est essentiel de savoir comment se déroule le phénomène de croissance au niveau micro économique. Le tableau « acteur-rentier-prédateur » permet de localiser les différentes formes de rémunération et leur attribution. Ce tableau va être un élément déterminant de compréhension dans ce qui fait « fonctionner » une innovation : depuis la décision de l'investissement jusqu'à l'attribution finale des différentes formes de rémunérations issues de l'innovation.

L'application de ce tableau à travers une activité nouvelle telle que les chambres froides autonomes doit permettre d'interpréter la façon dont la rémunération potentielle de cet outil va se répartir et si elle reste concentrée dans une seule main.

Il est crucial également de savoir si la non-conflictualité qui en découle – puisque normalement l'individu peut être à la fois prédateur, rentier et acteur - est un facteur de croissance historique.

	acteur	**rentier**	**prédateur**
le salarié	participe à la vie économique - perçoit un revenu en échange de son temps de travail	il a épargné et donc reçoit sans travailler un revenu depuis le livret A, jusqu'à l'intervention sur les marchés boursiers. Il s'enrichit "en dormant".	à force de protection, le salarié peut (indépendamment de sa volonté personnelle) bloquer le système de production par des leviers institutionnels dissuasifs.
l'entre-preneur	participe à la vie économique en combinant le travail et le capital mais n'en perçoit aucun revenu clairement identifié	Lorsqu'il n'a plus d'action dans l'entreprise, celle-ci lui apporte - enfin - une rémunération sur une activité passée à travers sa propriété qu'il va négocier sur un marché. L'innovation protégée peut apporter une rente à son entreprise qui va voir sa valeur augmenter in fine. Cette forme de rémunération se situe en sortie et n'est pas gérable tout au long de la vie de l'entreprise. Le reste du temps, il doit s'octroyer un revenu de salarié pour vivre.	peut bloquer le système en essayant de s'accaparer le maximum de la part salariée. Sans cadre institutionnel, son intérêt est de maintenir le salarié juste à son niveau de survie. L'institution permet de l'en empêcher.

le capitaliste	participe à la vie économique en prenant des risques rémunérés par des taux adaptés en fonction du risque (spread)	n'a pas de rente en tant que capitaliste car il existe toujours un risque sur ses investissements productifs	s'accapare le plus facilement la part essentielle de l'activité économique. L'institution lui accorde généralement pleins pouvoirs pour s'accaparer les revenus de l'entrepreneur - sa propriété - en rémunération apparente de son risque

A la suite donc du tableau stylisé sur le salarié-entrepreneur-capitaliste, cette deuxième grille de lecture apporte les éléments suivants :

– L'acteur salarié : la production s'effectue uniquement avec des acteurs. Le salarié qui renonce à s'investir dans la combinaison productive accepte de se faire rémunérer uniquement en donnant son temps de travail. C'est le schéma le plus développé. Trop protéger cette renonciation à l'entrepreneuriat finit par casser l'initiative au sein de la collectivité (Castel 1995).
– L'acteur entrepreneur : il agit directement sur la création du produit en organisant l'ensemble. C'est lui qui décide au départ de « faire » et qui met tout en œuvre pour que l'activité « fonctionne ». Son problème est d'en dégager une rémunération. Il ne compte pas ses heures au sens propre comme au figuré pour organiser la combinaison productive. Il n'est pas salarié en théorie, il a même juridiquement un mandat social mais sa véritable rémunération est la valeur qu'il parvient à donner à son outil. C'est le sens Schumpétérien de l'entrepreneur.
– L'acteur capitaliste : il investit ses moyens financiers dans l'aventure et prend des risques. Sa rémunération n'est pas immédiate également. Il doit attendre un retour sur investissement qui peut prendre de nombreuses années. En attendant, il se rémunère sur des aventures productives passées.
– Le rentier salarié : à partir de son temps de travail qu'il a vendu, il parvient à économiser un peu et devient ainsi rentier. Tout au long de sa vie, cette épargne augmente. Il acquiert à son tour des actifs, qui lui permettent au fil des années ou des générations de trouver une nouvelle forme de rémunération de capitaliste ou sans risque.

- Le rentier entrepreneur : la rémunération réelle de l'entrepreneur apparait. Ce que l'entrepreneur a réussi à faire finit par acquérir une valeur. Le problème de l'entrepreneur est que « la combinaison productive » qu'il a réussie, il ne peut en bénéficier qu'au moment où il négocie cet actif sur le marché.
- Le rentier capitaliste : le capitaliste qui se rémunère sur ses risques ne peut jamais espérer une rente de ses investissements. L'activité humaine a priori est toujours risquée.
- Le salarié prédateur : à force de vouloir protéger le salarié, celui-ci abrité, peut à son tour bloquer le système productif : l'institution, derrière la bonne intention de le protéger, peut donner au salarié le pouvoir d'aspirer l'essentiel des ressources de l'entreprise à la fois directement par le salaire et indirectement par les charges.
- L'entrepreneur prédateur : à défaut de jouir d'une rémunération anticipée sur la valeur de sa combinaison productive, il peut non seulement « se servir » sur la part salariale, mais plus encore, il peut être tenté de minimiser les revenus de ses salariés lorsqu'ils sont sans mesure de protection, au point de les laisser dans le plus grand dénuement. L'esclavage existe toujours (Deveau 2010).
- Le capitaliste prédateur : c'est de lui que viennent principalement les crises économiques et l'absence de croissance. Le phénomène est observé depuis les origines des documents recueillis sur le marché en Mésopotamie (Landes, Mokyr et al. 2010). En ayant les mains libres de s'octroyer la propriété des entrepreneurs, indirectement, il en vient à contrôler les salariés qui remontent jusqu'à lui les revenus. Ce phénomène largement décrit par Karl Marx (Marx 1867 1963) a cependant minimisé généralement la position de l'entrepreneur, en mettant l'accent sur une « lutte des classes », et pour simplifier deux classes : la classe laborieuse contre la classe capitaliste.

La difficulté de créer de la croissance réside en fait dans la difficulté de répartir les différentes sources de rémunération en fonction de l'action des acteurs. Aucun des acteurs ne se sent prédateur évidemment. Et aucun des acteurs ne peut avoir les mains libres, car l'intérêt personnel, lorsque les ressources restent rares, est d'essayer de s'accaparer le maximum, l'esclave lui-même s'il parvient à s'affranchir peut à son tour devenir prédateur. C'est pourtant le même homme.

L'action institutionnelle – depuis l'antiquité – est donc vitale pour réguler l'activité humaine. Beaucoup d'échecs ont jalonné l'histoire des villes et des pays à organiser cette répartition. Aujourd'hui émerge plus clairement, avec la mondialisation des échanges, le besoin d'une « économie entrepreneuriale de la connaissance » décrite par Christian Saint–Etienne (Saint-Etienne 2010). Et donc la place de l'entrepreneur est un peu mieux « positionnée » dans l'organisation de l'activité productive.

Avec l'analyse des stocks, l'idée est donc de vérifier si en mettant entre les mains d'un seul individu les diverses fonctions de l'activité productive : travail, organisation de la combinaison productive et capital, on parvient à créer de la croissance sans blocage. Un exemple similaire de cette situation peut être recherché dans l'histoire à travers l'émergence d'une autre forme de développement des capacités énergétiques : la création des moulins en Occident. Une question centrale est donc de savoir si à travers l'analyse dynamique du stockage, on peut percevoir un sentier – une voie étroite - de développement historique partant de l'individu entrepreneur.

CHAPITRE 3

Les vulnérabilités de l'entreprise pauvre

Nous entendons par stockage élémentaire, le stockage de produits alimentaires de base pour l'individu et son environnement direct. Il s'agit ici d'exprimer l'équivalent, en termes de production stockée, de l'activité au sein de l'entreprise élémentaire.

Le stock élémentaire est, nous allons le voir, un enjeu déterminant dans l'accumulation primitive du capital. En effet, la capacité à stocker est largement au départ l'expression du passage de la cueillette immédiate à la récolte qui permet d'affronter la période d'inter-récolte. Le stockage élémentaire fait donc appel à des connaissances très anciennes, et, en même temps, il reste une étape nécessaire sur le chemin de la croissance.

Qu'est-ce qu'un stock ? Un stock dans une définition première pourrait se traduire par la mise en réserve d'énergie. Le stock est le premier résultat recherché au moment du passage de l'économie de cueillette à l'économie agricole : il fallait trouver des ressources alimentaires pendant les inter-saisons dans les zones tempérées intérieures et donc permettre aux individus de se nourrir et d'acquérir des réserves énergétiques pour survivre.

La culture d'une terre peut se définir dès l'origine comme la constitution d'un stock. C'est-à-dire, à l'extrême, le champ est le lieu de fabrication du stock. Une fois que le produit est mûr, il peut être de l'intérêt de l'agriculteur de laisser le plus longtemps possible sur place son stock alimentaire. Pour prendre un exemple simple du cerisier, il est préférable de laisser le stock de cerises sur l'arbre le plus longtemps possible et de prélever, au fur et à mesure des besoins, les fruits. Avec une représentation élargie du stockage, un arbre fruitier volontairement cultivé peut être considéré comme le premier lieu de réserve et le meilleur « endroit » pour profiter d'un stock temporaire.

L'habitat construit est probablement né également avec l'agriculture. En effet**, l'habitat a dès les origines regroupé trois fonctions** :

- la **gestion des stocks**,
- la fabrication – artisanat et cuisine-,
- la protection des personnes.

L'habitat est très lié à l'optimisation des moyens. Il est admis que partout les premiers habitats ont consisté en des huttes rondes, sur le modèle d'une demi-sphère mathématique. Cela signifie, que sans connaître la formule de calcul de la surface d'une sphère, ni ses propriétés mathématiques, nos lointains aïeux savaient déjà que la surface de contact minimale entre l'intérieur d'un volume et l'extérieur est une sphère ! Dans la mesure où la déperdition thermique ou la déperdition d'énergie est minimale lorsque la surface d'échange thermique est minimale, il en résulte que la hutte ronde fournit le rendement thermique optimal.

Le cheptel peut se définir également comme un stock, une réserve qui peut produire directement un revenu – les produits laitiers - tout en étant une activité qui comporte des intrants : le stockage sous forme d'élevage est donc aussi simultanément une activité. Mais le principal résultat est la consommation de la viande, donc l'abattage de l'animal qui réduit le cheptel. La fonction principale de l'élevage est de stocker, sous forme vivante, une réserve de nourriture, disponible à n'importe quel moment.

Ces visions, hors des schémas habituels du stockage, montrent que la définition d'un stock est très flexible, qu'elle est intrinsèquement liée à la production : le stockage est au cœur de l'économie.

La croissance des pays en développement passe par les entreprises, mais pas toutes : l'entreprise élémentaire sur laquelle peuvent utilement porter des efforts d'investissement de la collectivité présente la caractéristique de produire les apports énergétiques fondamentaux nécessaires à la vie. La création d'un lieu de stockage de produits frais peut changer rapidement la donne pour ces unités de production et créer un véritable choc positif.

L'entreprise élémentaire c'est aussi et surtout un producteur et une trajectoire de vie. Ce producteur connait des chocs externes négatifs au long de sa vie (récoltes désastreuses, invasions d'insectes, maladies, guerres, famines…) qui le ramènent le plus souvent au seuil le plus bas et, sans même ces accidents de la vie, il ne pourrait se développer au-delà d'une pente de croissance très modérée. Ce sont toujours des chocs externes qui viennent casser une dynamique très fragile.

Pour sortir de l'impasse, seule une « secousse » au sens mathématique du terme – la dérivée d'ordre trois d'une fonction – peut l'aider à changer de trajectoire.

Pour bénéficier de chocs positifs, il faut que l'investissement de la collectivité réponde à des critères d'acceptabilité et que le producteur soit en mesure d'absorber tout à la fois psychologiquement et aussi matériellement l'investissement en fonction de ses intérêts.

Il faut donc tout d'abord comprendre la notion de stock et son impact sur diverses activités. Avec la distribution, c'est un tout autre phénomène qui apparait et l'entreprise est complètement différente de l'unité de production : l'échoppier s'inscrit dans un univers de proie-prédateur et ne fait que relayer une production : son stock ne produit aucun choc positif.

Décrire les chocs permet également de mieux les appréhender. Une taxonomie s'avère indispensable, notamment pour décrire la durée des chocs négatifs et la hauteur de la chute du producteur. Le choc positif n'est pas véritablement l'inverse du choc négatif et doit s'analyser de façon à mettre en évidence les ingrédients de son émergence.

L'entité élémentaire de production comme « brique » de développement

Globalement, l'économie monétaire de production, pour reprendre l'expression keynésienne, touche la quasi-totalité de la planète, même si l'on peut admettre que la monétarisation de l'économie n'est pas unifiée loin s'en faut. Ceci étant, dans la mesure où l'économie du développement repose principalement sur une analyse diachronique pour mesurer le progrès ou tout au moins les évolutions, l'économiste est en mesure de s'interroger sur les marges du progrès et les origines du processus.

Le territoire de l'économie non monétaire de production est finalement peu observé, parce qu'il est davantage réservé aux ethnologues. A tort. Au moins pour l'étude des stocks, la trajectoire d'un individu actif est riche d'enseignement au moment où il cumule pour lui-même les fonctions de travail, de financement et l'organisation entrepreneuriale de la combinaison productive, sans échange, au moment où dans sa vie active, partant sans le moindre avantage financier, il pose les premières briques de son activité économique.

Reprenons le cas du pêcheur malgache ou sénégalais, équipé d'une simple pirogue, qui part le matin caboter et ramener sur la plage quelques poissons pour assurer sa survie. Pour l'essentiel, son activité s'insère dans un cadre non monétaire et, accessoirement finalement, il part sur les marchés tenter de vendre le reliquat de sa pêche. Nous pourrions de façon similaire étudier le cultivateur kényan récoltant des mangues ou tout autre « actif » pauvre.

Le comportement stylisé du pêcheur

Notre pêcheur n'a pas forcément une connaissance précise de l'évolution de la prolifération bactérienne sur ses poissons. Il sait en revanche en regardant l'aspect de ses poissons - peau luisante, yeux, odeur… - ce qu'il lui reste de « capital fraicheur » sur sa pêche.

En simplifiant, deux choix s'offrent à lui : soit il prépare sa consommation quotidienne, et laisse éventuellement les morceaux les moins nobles sur le sable, soit il essaie de tout vendre pour diversifier son alimentation et manger autre chose que son poisson.

Hypothèse 1 – il se contente de préparer sa ration quotidienne

Sa démarche est très liée au temps qui s'écoule car nous y reviendrons, à 30° - 35°C il ne dispose que de quelques heures avant d'être contraint de sécher les beaux poissons et de n'en plus tirer alors qu'une maigre ressource.

S'il les consomme, il a son plat quotidien et peut rester désœuvré – c'est-à-dire sans ouvrage particulier à accomplir – le reste de la journée.

Arrêtons-nous quelques instants sur ce « reste » de la journée. Est-ce qu'il est réellement attaché aux interactions sociales avec son environnement ? Est-ce qu'il cherche réellement quelques menus travaux dans son environnement pour améliorer l'ordinaire ? Rien n'est moins sûr. En tout cas, il peut vite se lasser de l'absence de solution à une situation qui se ramène toujours à une existence de survie. Les efforts ponctuels qu'il peut faire sont vite calculés à l'aune de la tâche immense à accomplir pour sortir d'une condition misérable. Eventuellement, un « petit boulot » permettra d'acheter un vêtement, un ustensile. Mais quelle incitation finalement peut-il trouver à s'acheter une deuxième chemise, s'il ne dispose pas d'armoire pour la ranger soigneusement. En poursuivant le raisonnement, imaginons qu'il veuille accomplir un effort supplémentaire pour acquérir une armoire : quelle incitation peut-il avoir s'il n'a pas de logement à lui pour en disposer. Le raisonnement peut se poursuivre et à chaque fois, un petit effort possible – travailler l'après-midi pour s'acheter un vêtement – est placé dans un contexte d'absence de continuité possible : s'acheter un vêtement ne permet pas de passer à autre chose de mieux : son activité économique ne s'inscrit pas dans une continuité. Il doit franchir des obstacles trop importants – s'acheter une armoire – pour passer à l'étape suivante : il n'accumule pas de capital et il y a donc ce que nous définissons comme **une rupture dans l'accumulation primitive de capital**.

L'accumulation primitive de capital n'est pas une fonction continue dans cette première hypothèse

Hypothèse 2 – <u>il essaie de tout vendre son poisson</u>

Pour ne pas rester dans cette situation difficile, notre modeste pêcheur essaie un autre calcul : il veut vendre son poisson frais. Stylisons à nouveau son comportement. A présent, il engage une course contre la montre pour atteindre le marché le plus proche, distant d'une quinzaine de kilomètres, soit trois heures de marche sans traîner.

Premier cas, il marche 3 heures et arrive juste pour vendre son poisson pour le repas de midi. Il peut ainsi diversifier sa consommation. Mais son poisson exposé pendant les trois heures de marche à une température de plus de 30° est à la limite du consommable. Le risque existe donc de devoir faire un rabais sur le prix espéré, voire de rester avec sa production et de devoir se contenter de la consommer.

L'après-midi, ou tout au moins avant le lendemain, il faut revenir sur la plage pour repartir à la pêche le lendemain. Donc il faut à nouveau accomplir un trajet de 3 heures de marche.

Nous utiliserons, par simple convention pour l'exemple qui suit, les euros comme monnaie d'échange.

Durant sa journée, il a vendu pour 3 euros de poisson sur le marché et s'est nourri avec 2 euros. Il lui reste un euro. Il pourrait donc faire le calcul, qu'au bout d'une semaine, il disposera de 7 euros. De quoi s'acheter des vêtements : une chemise, un pantalon. Mais que faire la semaine suivante ? Les 6 heures de marche quotidienne sont harassantes, risquées – il n'est pas certain de vendre son poisson – et sans objectif supplémentaire : il n'a pas envie de s'acheter des plats de cuisson car il n'a pas de lieu pour cuire, il n'a pas la possibilité de s'acheter un vélo car le vélo coûte 144 euros, soit, s'il parvient à économiser 6 euros chaque mois, 24 mois de 6 heures de marche quotidienne après 3 heures de pêche : c'est un horizon économique trop lointain.

jours	recettes	consommation	épargne
1	3	2	1
2	3	2	1
3	3	2	1
4	3	2	1
5	3	2	1
6	3	2	1
7	3	2	1
		total :	7
l'épargne quotidienne du pêcheur (€)			

période de 1 mois		
S1	il achète des vêtements	7
S2	il paie son logement	7
S3	il finance des outils	7
S4	il paie son transport	1
	son épargne mensuelle est :	6
l'investissement hebdomadaire du pêcheur (€)		

Donc, le calcul le plus sage est d'ajuster sa dépense physique – 6 heures de marche – à un renouvellement de ses vêtements usés. Il a besoin d'en changer tous les trois mois. Il va donc limiter ses interventions sur le marché à une semaine tous les trois mois en moyenne.

Deuxième cas, il essaie l'auto-stop et tant bien que mal, de temps à autre, il parvient à raccourcir son trajet d'une heure ou deux, parfois trois s'il a la chance de trouver dès le départ un moyen de locomotion.

Un transport qui le dispense de marcher est une chance, car il va pouvoir éventuellement changer plus facilement de marché, aller plus loin dans les terres pour vendre son poisson. Mais, cette démarche présente un risque car il faut retrouver pour le retour, à chaque fois, un volontaire pour le ramener. Les transports en commun s'ils existent vont certes lui permettre de rentrer, mais vont ruiner sa journée.

S'il s'organise avec d'autres pour utiliser un moyen de transport en binôme – un cyclomoteur par exemple – il devra tôt ou tard en partager les frais – tout en restant dépendant du bon vouloir du propriétaire, ce qui génère une incertitude. Financièrement, cette situation apparaît assez peu rentable.

Là encore, il faudrait un espoir d'amélioration de sa condition pour avoir réellement envie de changer ses habitudes. Or, dans ce cas de figure également, l'accumulation de capital n'est pas évidente.

Nous pourrions évidemment multiplier les scénarii et les variantes de ce type de situation. Dans la plupart des cas nous arriverions à la conclusion que le comportement du pêcheur pauvre est rationnel et aboutit à un compromis qui est également un point d'équilibre économique.

L'idée qui ressort de cette approche est, par induction, que le pêcheur accepte finalement une situation peu enviable à laquelle il s'adapte pour survivre et qu'il se façonne un mode de vie, qui n'a rien de vraiment traditionnel, mais qu'on peut plus aisément qualifier de comportement de routine, c'est-à-dire un comportement final, issu de différents essais et tentatives diverses pour optimiser ses efforts.

La situation du pêcheur guinéen ou malgache, *in fine*, est donc stable à un point d'équilibre minimum. La croissance est faible et le met en situation de précarité au moindre choc négatif.

Son comportement est quasiment impossible à changer sauf à se retrouver en situation de :

- 1. changement visible et rapide pour justifier la remise en cause des routines,
- 2. amélioration significative de l'ordinaire.

En d'autres termes, il s'agit de provoquer un **choc économique positif**.

Ce n'est pas tout. Le pêcheur guinéen, comme tout être humain, est calculateur et a besoin d'un « horizon temporel ». En d'autres termes que peut-il espérer sur le long terme ? Un exemple contemporain nous fournit un éclairage intéressant. Il s'agit du cas du téléphone portable qui s'est répandu rapidement en Afrique. Il répond à ces critères de changement visible et rapide et d'une amélioration significative des modes de communication. Est-ce pour autant suffisant pour créer un « horizon » ? Probablement pas et le téléphone reste limité à un outil essentiellement convivial, dont l'usage le cas échéant pourra décliner s'il s'avère insuffisant pour justifier 6 heures de marche supplémentaires à intervalle régulier pour en assurer le financement. Il n'a pas d'effet cumulatif sur la capitalisation des individus. Le téléphone n'est pas porteur d'une espérance de gain supérieur au fur et à mesure de son usage, même s'il se pare de vertus du progrès. Il n'est probablement pas beaucoup plus porteur de progrès que les vêtements du pêcheur guinéen, renouvelés à intervalle régulier.

L'acquisition d'un vélo va constituer une rupture positive pour accéder à un niveau de développement supérieur, mais un choc négatif – une guerre par exemple entraînant la perte de son vélo – fait retourner le pêcheur plusieurs années en arrière.

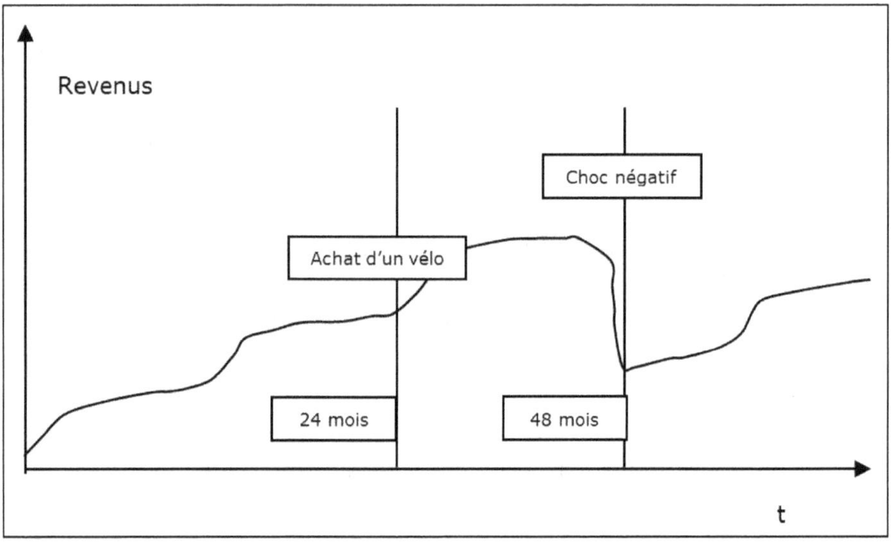

Le faux problème du piège de la pauvreté chez les échoppiers par le modèle Lotka-Volterra

Banerjee et Duflo (op. cit. p. 33) proposent d'emblée un diagramme simple – une courbe en S - pour illustrer le débat sur la pauvreté. Cette courbe est selon les auteurs « la source du piège de la pauvreté »

Cette courbe s'exprime de la façon suivante :

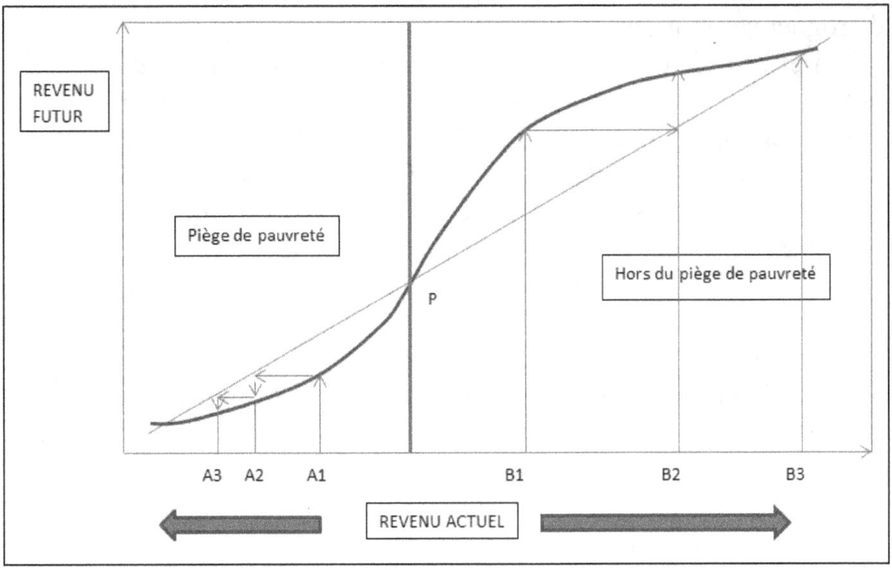

(Source : Banerjee et Duflo, *Repenser la pauvreté*, p. 34)

Une partie des économistes considère, d'après Banerjee et Duflo, qu'un piège à pauvreté vient laminer les revenus en-deçà d'un certain seuil au point P.

Cette vision pessimiste est contrebalancée par une autre courbe simple qui montre une croissance faible au départ puis plus rapide par la suite.

En réalité, il semble impossible de prédire l'évolution d'un tenancier d'échoppe à partir de l'une ou l'autre des figures ni de déterminer à quel point de développement (au-dessus ou en dessous de P), il se situe.

Le distributeur globalement, et en moyenne, ne semble pas participer à la croissance et se situe indifféremment au-dessus ou en dessous de P selon son environnement, une habileté éventuelle ou la chance.

La courbe sous le point P et la courbe au-dessus du point P relèvent de réalités différentes.

La véritable histoire de l'échoppier se situe ailleurs. Une équation de type Lotka-Volterra semble plus appropriée pour représenter sa place dans l'économie. Connue aussi sous le nom d'équation proie-prédateur, elle présente l'avantage de lier deux catégories de population et non de détacher le commerçant de son environnement.

Ainsi avec le système d'équation Lotka-Volterra, l'épicier dépend des autres épiciers, et dépend également de ses clients qui vont essayer de rogner ses marges.

En effet, le client qui achète une cigarette, connait parfaitement le prix du paquet de cigarettes qu'il ne peut s'offrir. En allant chez son voisin échoppier, il a donc déjà décidé du prix qu'il est prêt à mettre pour une seule cigarette. Si le prix de l'échoppier est trop élevé, le client va s'approvisionner un peu plus loin dans la rue, si le prix est trop bas, le commerçant ne peut plus renouveler son stock de cigarettes. L'exemple peut s'appliquer à de nombreux cas de figure de vente au détail comme par exemple la vente de cartes prépayées de téléphone en Afrique : les « cartes à gratter » de quelques unités.

Le visiteur occidental peut se demander, par exemple, en observant la vie commerciale des villes de pays en développement comme Mumbai, comment les dizaines de milliers de petites échoppes qui jalonnent toutes les rues peuvent survivre. En réalité, des équilibres de mise à l'étal s'organisent comme des mises en rayon de grandes surfaces. On peut être surpris de voir un échoppier proposer sur une toile de deux mètres carrés quelques peignes, des briquets et de l'encens. A priori rien à voir entre ces produits. Mais si l'on se promène tout le long d'une rue, on constatera que la distribution des produits s'effectue de façon à ce que les petits boutiquiers ne soient pas en concurrence trop vive : on ne trouve pas 2 vendeurs de briquets l'un à côté de l'autre. Donc le client qui passe, s'il trouve au passage un briquet dont il a besoin a tout intérêt à s'arrêter pour l'acheter car il n'est pas certain de trouver ce briquet sur la distance totale qu'il a à parcourir dans la rue. Un équilibre non apparent et une interdépendance existent donc entre tous ces petits commerces de rue.

Entrons un peu plus dans la représentation mathématique, pour mieux faire émerger la différence entre l'entrepreneur/producteur et le tenancier d'échoppe. Ces équations ont davantage été utilisées en démographie, en biologie et aujourd'hui en écologie, mais elles conviennent assez bien pour la démonstration. Voici une illustration.

En l'absence de toute restriction de liquidités, les échoppiers d'un même quartier vont faire l'acquisition de très gros stocks de produits divers tels que des cigarettes qu'ils espèrent écouler à l'unité. Une banque alternative, un gouvernement ou une ONG se penchent sur leur sort et donc leur financent sans restriction sous forme de don de quoi remplir leur magasin. L'affaire fait grand bruit au point que tous les habitants du quartier ouvrent rapidement, eux aussi, une échoppe et bénéficient des mêmes conditions.

En l'absence de restriction, la croissance exponentielle des échoppiers suit la courbe suivante : $dE/dt = kE$ où k est une constante positive. E est la population des échoppiers.

Du côté des clients à présent, à l'autre extrême, imaginons à présent qu'aucun échoppier ne soit accessible au coin de la rue parce que par exemple une réglementation nouvelle sur l'hygiène les a tous contraints à mettre la clé sous la porte. A ce moment, le prix du paquet de cigarette, par exemple, rend sa consommation inabordable – les clients ne savent acheter qu'une cigarette à la fois – ils ne peuvent fréquenter un commerce dans les quartiers plus huppés et le marché local va s'effondrer.

On a alors : $dC/dt = -rC$ où r est une constante positive. C représente les clients qui disparaissent massivement du marché local

Si à présent on arrive à un système d'échanges à peu près libre, sans prohibition et sans injection massive de subventions aux échoppiers, la configuration devient la suivante :

$$dE/dt = kE - \alpha EC \text{ et } dC/dt = -rC + \beta EC$$

où k, r, α, β sont des constantes positives.

Le terme $- \alpha EC$ modère la croissance du nombre des échoppiers, tandis que $+\beta EC$ favorise la croissance du nombre de clients.

Ces deux équations doivent être résolues simultanément.

Il est difficile d'obtenir une formule explicite de E et de C mais l'observation sur le terrain pourrait permettre de déterminer graphiquement des solutions.

Il pourrait y avoir une solution stationnaire d'équilibre, mais de multiples solutions d'ajustements peuvent également survenir.

Les solutions de différents systèmes d'équations différentielles nous fournissent alors des courbes intégrales qui portent le nom d'orbites. Voici quelques portraits d'orbites :

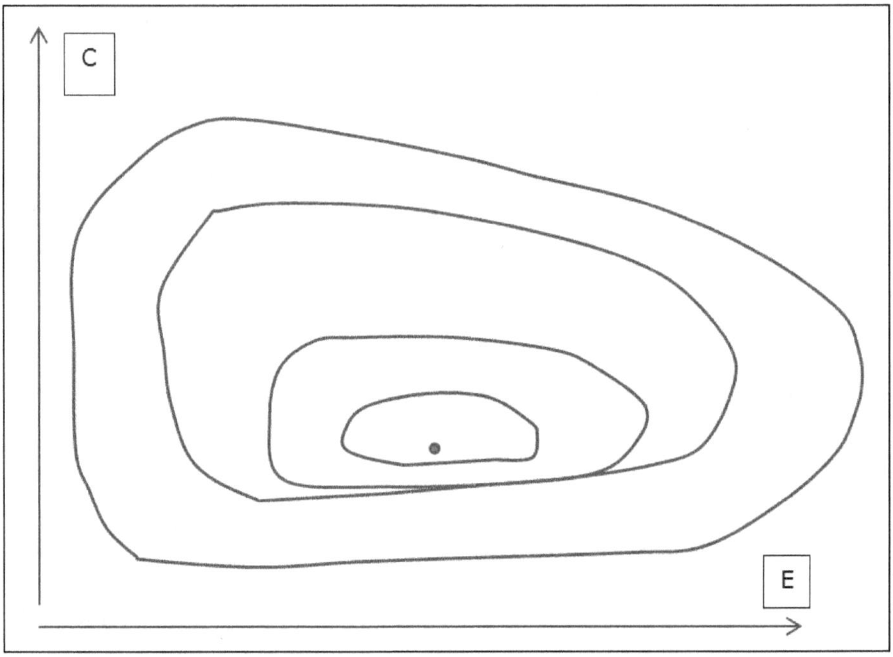

Cette représentation des cycles où alternent des excès et les insuffisances dans le nombre d'échoppes présente davantage d'intérêt que les représentations de l'excès de l'offre sur la demande de produits où seuls sont discutés les prix des produits et non le nombre d'individus qui les mettent en œuvre.

Ainsi une esquisse de réponse est obtenue quant au fait que dans des grandes conurbations, les échoppes naissent et meurent et seule une partie d'entre elles subsiste.

Ces équations mettent l'échoppier que Banerjee et Duflo appellent l'entrepreneur au cœur du débat. Le prix d'équilibre n'est plus au centre de la discussion : si l'échoppier est sympathique, habile, ouvert, son client va finir par accepter de payer sa cigarette à un prix relativement élevé. Mais, si les échoppiers deviennent tellement nombreux que le client n'a aucun effort à faire pour changer d'interlocuteur, il finira par délaisser son échoppier sympathique et voudra payer la cigarette à un prix plus bas. C'est ainsi que ces cycles de développement et de fermetures d'échoppes peuvent apparaître.

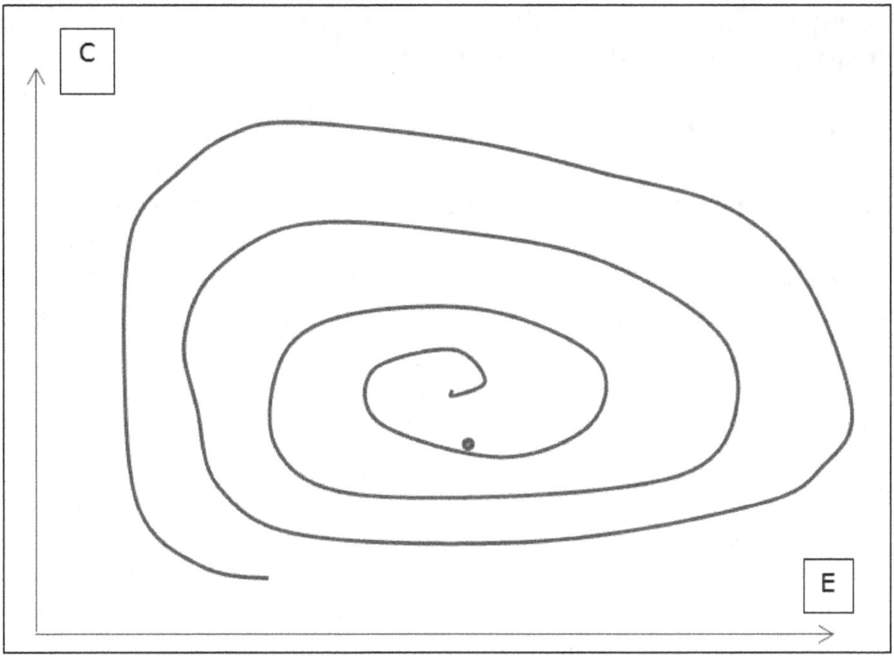

En aucun cas, pour le moment, ces cycles ne nous expliquent la pauvreté. Ces échoppes sont tout simplement le reflet d'un niveau de développement et **ces « entrepreneurs » n'apportent pas de croissance**. Et pour en revenir à la définition donnée : ces entrepreneurs ne sont pas réellement entrepreneurs.

D'après l'équation de Lotka-Volterra, la relation client-échoppier décrit une boucle, avec éventuellement une forme spiralée qui amène un fragile équilibre dans un écosystème entre ces deux populations.

Toute autre est la position du producteur de produits frais, ainsi que nous l'avons déjà évoqué.

L'illusion des rendements fortement croissants de l'échoppier

Un thème devenu classique dans la littérature de l'économie du développement est celui du microcrédit comme solution à la pauvreté (Yunus et Jolis 1997). Avec plus de 10% de la population bengladaise qui bénéficie de microcrédit (Kounkou 2008), l'approche a été largement appliquée dans le monde. Banerjee et Duflo (op.cit. p. 324) s'inscrivent dans la lignée d'une contestation des bienfaits du microcrédit à partir d'une évaluation randomisée (p. 246 et s.) : « la faible rentabilité des entreprises gérées par les pauvres explique pourquoi (…) le microcrédit ne semble pas être à l'origine d'une transformation radicale de la vie des clients ».

L'explication est assez simple : les entreprises des pauvres ne rapportent que très peu avec des actifs trop faibles. A Hyderabad, 20% des entreprises disposent d'une pièce qui leur est exclusivement consacrée indiquent les auteurs. Les outils les plus courants sont : une table, une balance ou un chariot. Au Mexique, 15% des personnes vivant sous le seuil de 1 dollar quotidien avaient ouvert une entreprise en 2002, il n'en restait que 41% de ces entreprises trois ans plus tard. (p. 324 et s.)

A juste titre, Banerjee et Duflo soulignent que si les rendements marginaux sont très élevés au départ, au global l'entreprise ne peut couvrir les frais de fonctionnement ou le temps consacré en famille à l'affaire. Le potentiel de croissance s'épuise rapidement dans une famille de commerçants pauvres : l'échoppier peut bien remplir les étagères de la pièce qu'il consacre à son commerce et les rendements augmentent rapidement au fur et à mesure qu'il fait le plein. Mais au-delà, s'il faut faire l'acquisition d'un nouveau local, payer un loyer supplémentaire et acheter des équipements, le retour sur investissement est insuffisant.

De là, cette idée que le gonflement des stocks et la multiplication des références deviennent vains pour échapper à la pauvreté. Cette idée s'inscrit dans la logique de l'échoppier : faible rendement – minimisation des stocks.

La thèse que nous défendons est que le micro-crédit est bien le début de la solution et que le développement du stockage également, mais dans des conditions très précises :

il faut que le stock protège une valeur créée par le petit entrepreneur. Cette valeur tient dans la production, la transformation ou encore la gestion de l'énergie.

Il faut donc distinguer très précisément le type d'entrepreneur pour lequel le micro-investissement permet un décollage.

La fonction sociale et commerciale de l'échoppier est – entre autres - d'aller acheter un paquet de cigarettes à 3 km de distance de la boutique, de stocker ce paquet et de revendre les cigarettes à l'unité, permettant au consommateur très proche de lisser ses dépenses sur la journée.

L'avantage pour ce dernier est donc double :

- Il économise le trajet de 3 km aller et retour soit environ 1h 30 de sa journée, un temps précieux qu'il doit mettre en rapport avec le temps qu'il passe à affronter la rue pour trouver son revenu : décharger un camion, nettoyer, échanger, rendre de menus services…
- Il préserve sa trésorerie pour pouvoir consommer d'autres produits dans la journée, sinon quel plaisir pourrait-il avoir à acheter 20 cigarettes si par ailleurs il ne peut plus payer l'alimentation familiale du jour ?

Cependant la valeur ajoutée de l'échoppier est relativement faible. S'il double le prix de la cigarette et qu'il doit lui-même consacrer 1h30 pour aller acheter un paquet, le rendement est faible car il ne produit pas la cigarette, ni ne la transforme.

Certes des moyens plus importants peuvent lui permettre tout à coup de franchir un seuil décisif. Par exemple en pouvant acheter un stock complet de plusieurs centaines de paquets de cigarettes, lui permettant dès lors d'avoir une fonction de grossiste. Mais alors de nouveaux challenges l'attendent et rien ne dit que son emplacement, sa zone de chalandise ou encore ses choix dans la constitution de son stock lui permettront d'obtenir un retour sur investissement.

L'investissement en stock peut devenir complètement différent dès l'instant où l'échoppier est aussi ou d'abord producteur, et plus précisément <u>producteur de ressources énergétiques</u>.

Cette production de ressources énergétiques peut relever de l'alimentaire (pêche, culture, élevage) ou du non-alimentaire (production d'outillage pour favoriser le développement énergétique : la fabrication d'une faux par exemple va alimenter la chaine énergétique). Il convient de la distinguer nettement de la distribution.

Le processus endergonique à la base de la valeur

Nous entendons ici par ressources énergétiques les apports énergétiques fondamentaux nécessaires à la vie. Il s'agit donc des ressources bioénergétiques. On parle également d'une somme de processus endergoniques, qui consomment de l'énergie.

La base de la vie du producteur est donc une production d'énergie, ce besoin biologique induit cette recherche fondamentale et permanente des apports énergétiques. Les cellules du corps humain exploitent deux types d'énergie : l'énergie chimique avec les chimiolithotrophes et l'exploitation de l'énergie lumineuse : les photolithotrophes.

La monnaie universelle qui va jouer un rôle central dans le couplage énergétique est l'ATP, l'adénosine triphosphate, une molécule qui est la monnaie énergétique universelle.

Ces ressources énergétiques, pour être valorisables par le producteur, doivent pouvoir être stockées. Le stock de ces ressources bioénergétiques offre au producteur le décollage nécessaire à sa croissance. Le soutien collectif à la constitution de stocks permet au producteur de franchir un cap décisif dans son organisation. Les aides peuvent utilement se concentrer sur l'aide à la constitution de stocks individuels de ressources bio-énergétiques.

Pour comprendre la problématique du producteur, il faut revenir aux besoins fondamentaux de tous les organismes vivants. Les principes généraux de la bioénergétique cellulaire permettent de décrire la façon dont les cellules se fournissent en énergie, et donc à une échelle plus importante, la façon dont les êtres humains se maintiennent en vie et se développent.

Le métabolisme des organismes peut se comprendre par les sources d'énergie et de matières utilisées : il s'agit essentiellement

- des sources d'énergie chimique que vont utiliser les chimiolithotrophes à travers les processus de fermentation et de respiration,
- des sources d'énergie lumineuse pour les photolithotrophes qui vont permettre, avec l'eau comme donneur d'électrons, de réaliser la photosynthèse. La vie et donc l'économie repose physiquement sur la capacité des organismes à gérer des flux d'énergie dont les mécanismes sont connus sous le nom de métabolisme. Depuis les premières briques élémentaires de la vie, dès les premières molécules capables de réaliser des actes catalytiques jusqu'aux organismes vivants les plus complexes, la capture de l'énergie de l'environnement a été et reste la constante fondamentale du développement (Bernard 2002).

Tout, pour ainsi dire en économie, repose sur la faculté des intervenants de capturer l'énergie de l'environnement pour survivre. L'agriculteur/éleveur est donc dans ce contexte le premier intervenant, le premier maillon de la chaîne de survie et donc d'organisation de l'économie. Sans agriculteur, pas de capture d'énergie de l'environnement. L'agriculteur n'est donc pas un entrepreneur qui entre dans la même catégorie que l'échoppier, lequel va assurer plutôt les flux d'énergie en vendant par exemple des boîtes de conserves. Le vendeur de nems qui prépare les aliments a une position intermédiaire puisqu'il transforme en cuisant et donc contribue à rendre digeste une production agricole.

L'échoppier véhicule de l'énergie. L'agriculteur l'extrait de l'environnement en faisant pousser des céréales par exemple.

On peut rechercher à l'infini des nuances par cette approche énergétique de la valeur, depuis le petit producteur jusqu'à l'échoppier

Plus une économie se développe et plus il est admis que l'agriculture tient une place modeste dans le produit intérieur. Mais c'est évidemment une apparence trompeuse. Plus une économie se développe et plus l'agriculteur, en réalité, permet à une communauté toujours plus importante d'individus de vivre de la gestion des flux d'énergie.

Economie en développement

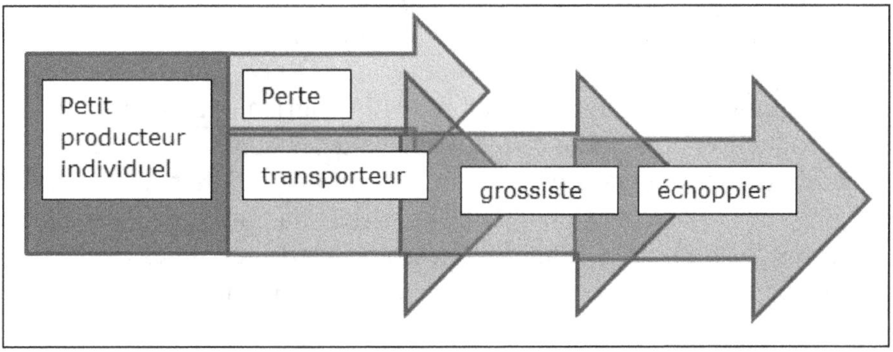

Economie développée

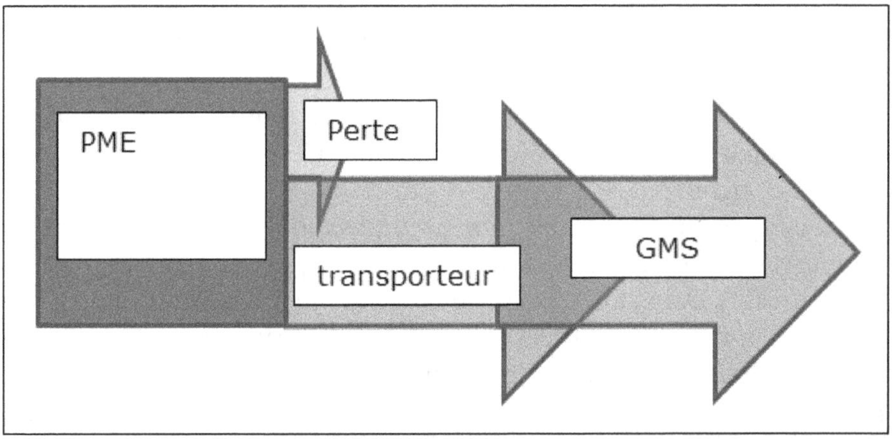

Stockage des produits alimentaires et carences en moyens de transport

Analysons à présent l'accès de l'agriculteur au client.

Les carences en infrastructures

Intuitivement, on comprend bien que les infrastructures routières ont un impact déterminant sur le développement économique d'une région. Ce ne sont pas les seules, il existe évidemment de nombreux déterminants structurels pour la croissance d'un pays : infrastructure portuaire, aéroportuaire, transport ferroviaire, transport fluvial, dimensionnement des routes, etc. Pour ce qui concerne le petit producteur, son destin – s'il travaille d'abord à son propre approvisionnement et non pour l'exportation avec du café ou du coton – est étroitement lié au réseau local des routes et chemins.

Divers indicateurs sont intéressants : la relation par exemple entre la production agricole totale, la production agricole potentielle et l'éloignement d'un temps de trajet (motorisé) de 4 h d'une ville de 100 000 habitants (Dorosh, Wang et al. 2009). Dans les zones subsahariennes, on estime que la production agricole totale par rapport à la production potentielle est de 45 % pour les domaines de temps de trajet de quatre heures. En revanche, elle tombe à 5 % pour les zones de plus de 8 heures. Cet indicateur reflète la faible part de terres cultivées par rapport au total des terres arables de ces zones reculées et donne ainsi le lien immédiat entre moyens de communication et terres cultivées.

L'approche institutionnelle relative aux routes est très focalisée sur des « stratégies », des « objectifs », des « engagements » pour améliorer les réseaux routiers. Comme pour la plupart des études prospectives, les analyses institutionnelles portent sur un état des lieux (quantités de routes, état des routes, densité des routes, etc.), sur les besoins par rapport à une densité de mètres de route au km^2 de surface et par rapport à une densité de population. Ces relations simples ont un sens évidemment.

L'Afrique subsaharienne, par exemple, compte environ 700.000 kilomètres de routes rurales sur un total de plus de 1,02 million de kilomètres. « Dans trois pays (le Nigeria, le Cameroun et la Côte d'Ivoire) on trouve plus de la moitié des routes rurales de l'Afrique de l'Ouest, tandis que la RDC, le Zimbabwe, Madagascar et la Tanzanie possèdent plus des deux tiers de celles de l'Afrique de l'Est. La densité des routes rurales y est faible si on la compare à celle d'autres régions du globe. Au Nigeria, on compte environ 90 mètres de route rurale par kilomètre carré, mais une densité "cible" acceptable, basée sur l'expérience indienne dans des régions de densités de population semblables à celles du Nigeria, serait de l'ordre de 730 mètres » (Riverson, Gaviria et al. 1991). Pour la RDC, avec 153000 km de routes dont 3000 goudronnées, la densité est de 67 mètres.

Néanmoins, la création et l'entretien de routes rurales nécessitent d'aller un peu plus loin pour prendre en considération le gain obtenu par kilomètre de route rurale en transport : que rapporte un kilomètre de route rurale sur une année aux transports locaux ? Un producteur de café qui se destine à exporter sa production peut communiquer sur le bénéfice d'une route. Pour le petit producteur local, il faut qu'il y ait un intérêt réel d'accès au marché de proximité. Cela signifie qu'il doit gagner du temps pour accéder au marché : par exemple utiliser un vélo (15 km/h au lieu de faire la route à pied 4 à 5 km/h). Il va ainsi pouvoir aller plus loin ou arriver jusqu'au marché auquel il n'avait pas accès jusqu'à présent. Cependant, pour le petit producteur il faut un autre ingrédient qui justifie l'utilisation de cette route : sa capacité à préserver sa ressource pour la vendre. Accélérer son accès au marché est important, tout autant que pouvoir accéder à un marché plus large. Néanmoins comme le souligne la Banque mondiale, « une meilleure infrastructure n'entraîne pas obligatoirement des améliorations du coût, de la disponibilité et de la qualité des services de transport » (Riverson, Gaviria et al. 1991). En Afrique subsaharienne, une majorité d'utilisateurs circule à pied avec souvent une charge sur la tête. Si la productivité agricole est faible et la population clairsemée, l'entretien d'un réseau rural pèse lourdement sur la population. Donc on peut estimer que l'ingrédient préalable à la constitution d'une route est une rentabilité forte du réseau pour faire « émerger » la population locale.

Les carences en moyens de transport

L'accroissement du nombre de véhicules motorisés constitue la contrepartie du développement du réseau. Mais créer une route de 7 mètres de large pour faire passer 30 véhicules par jour n'a pas grand sens. Combien d'années faut-il pour arriver à un flux de véhicules suffisant pour justifier l'existence d'une telle route : avoir raison trop tôt, c'est avoir tort.

Sans doute, faut-il à nouveau revenir au basique de l'accumulation primitive de capital du petit entrepreneur. S'il dégage suffisamment de valeur ajoutée – grâce par exemple à sa meilleure gestion de la chaîne du froid – il peut assez rapidement dégager des fonds pour s'acheter un vélo, voire un scooter. Ainsi le réseau routier perçu comme goulot d'étranglement acquiert-il un sens, pas avant.

Améliorer une route en terre a un effet pendant 3 à 5 années. Mais si les utilisateurs ne dégagent aucune valeur de l'utilisation de cette route, elle ne peut que retomber dans un état désastreux. A l'inverse, si son utilité économique est avérée avec des utilisateurs qui connaissent une croissance suffisante, alors, l'amélioration de l'état de la route peut avoir un sens : le besoin sera tôt ou tard exprimé de façon pressante.

Le temps de transport au cœur de l'analyse

Une route constitue un lien. Certes, tout planificateur a besoin d'imaginer un maillage pour relier des villages, des villes, des pays entre eux avec des moyens analogues aux pays développés. Mais le problème fondamental qui se pose n'est pas de créer le meilleur réseau comme élément préalable au développement économique.

A l'inverse, le réseau accompagne le développement des petits entrepreneurs. Si la nécessité se fait sentir entre un client et un fournisseur et si chacun y trouve son intérêt, alors l'un et l'autre auront vite fait de créer un chemin entre eux. A plus grande échelle, « les chemins » n'ont de sens que si des fournisseurs trouvent un intérêt à rencontrer des clients. L'explication paraît simpliste, pourtant il faut qu'au départ le fournisseur – le petit producteur – dégage une marge dans sa production. Par la suite, il devient évident pour lui que la route doit s'améliorer et il peut alors calculer le temps qu'il va gagner sur une route praticable et bien entretenue. S'il ne gagne rien dans sa production, il ne verra jamais l'intérêt d'une voie nouvelle, même si celle-ci lui permet d'être à moins de 4 heures d'un marché de 100 000 habitants.

Quand de multiples rapports font état de pertes agricoles alarmantes faute d'infrastructures correctes de transport, il faut toujours pouvoir se demander si l'individu sur place a finalement un intérêt personnel à ce que les produits se vendent. Peut-il en être le bénéficiaire ?

Revenons sur notre petit producteur : il cultive des fleurs. Il a peu de temps pour les vendre. Ces fleurs lui rapportent de quoi nourrir sa famille. S'il ne les vend pas rapidement, il perd tout. On peut imaginer que s'il gaspille une partie de sa récolte faute d'infrastructure routière acceptable, il fera des pieds et des mains par la suite pour participer à la vie politique locale et faire entendre sa voix pour défendre ses intérêts, seul ou en association. Il aura tendance à pousser à une meilleure organisation et à faciliter son accès au marché. S'il ne bénéficie de rien, quelle pourrait être sa motivation autre que de se plaindre avec fatalité ! Un petit entrepreneur local se plaindra avec efficacité s'il y voit un bénéfice potentiel à portée de main. C'est tout le sens du choc positif que peut provoquer une avancée comme la meilleure maîtrise de la chaîne du froid à l'échelon le plus modeste de la production.

A terme, avec un développement économique satisfaisant, le temps va rester au cœur de l'analyse : la route sera alors perçue côté utilisateur comme le moyen de limiter les stocks mobiles. Dès l'instant où est créé un produit, il devient un stock et ce stock avant d'arriver chez le client constitue un stock mobile pendant toute la phase transport, un stock qu'il conviendra de limiter au mieux.

Des stratégies fines d'approvisionnements mondiaux se sont ainsi développées pour limiter les risques d'approvisionnement, les délais, les coûts de matières premières. Au début du XXIe siècle, la Chine reste l'« atelier du monde » et donc une bonne partie du trafic mondial part des ports de Chine pour aboutir dans les pays occidentaux. Ceux-ci néanmoins voient les prix de revient s'accroître et donc pondèrent leur approvisionnement « long » en Chine avec des réassorts « courts » par exemple dans des pays de l'Est pour ce qui concerne l'Europe. C'est le cas notamment dans le domaine du textile.

Organisation des marchés alimentaires en développement

Les statistiques sur le commerce agricole portent le plus souvent sur des données macroéconomiques internationales et le lien a longtemps été étudié entre les spécialisations internationales et le développement économique des pays concernés. La théorie des avantages comparatifs, les modèles divers, tel celui d'Heckscher-Ohlin-Samuelson ont suscité de nombreux débats sur les avantages du libre-échange ou du protectionnisme. Le petit producteur est évidemment loin de ce tumulte dans son souci quotidien de subsister. Mais aussi petit soit-il, il n'est pas non plus à l'écart de ces marchés internationaux si l'organisation de son pays le met en position d'exportateur sur des produits spécifiques : café, fleurs, etc.

Pour simplifier, le petit producteur pourrait se situer sur l'un des trois marchés suivants :

– denrées alimentaires de base : céréales
– marchandises d'exportation en vrac : café, cacao, coton, thé

– produits à forte valeur ajoutée pour les marchés intérieurs et d'exportation : produits laitiers, viandes, fruits et légumes.

C'est dans ce dernier marché que le petit producteur peut améliorer considérablement sa position. Ce marché – en ne considérant que sa partie intérieure, locale et régionale- souffre de nombreuses imperfections : coûts de transaction élevés, gaspillages et pertes de produits, accès limité à la finance commerciale, faibles autorités de tutelle (Byerlee and Janvry 2008). Les prix peuvent donc grimper très rapidement entre le producteur et le client final s'il faut rémunérer une chaîne d'intermédiaires, mais ils n'ont rien d'exceptionnels : un coefficient d'1,8 a été observé sur le maïs à Accra au Ghana, le prix des haricots au filet au Bengladesh suit un coefficient de progression de 2.8 jusqu'au départ du sol national (prix FOB).

Les négociants de produits agricoles, de petite taille ou de taille intermédiaire sont nombreux dans la commercialisation de denrées de base. Ce sont souvent des entreprises unipersonnelles. Ils maximisent les retours sur leurs fonds de roulement en faisant tourner rapidement des petites quantités et en limitant l'entreposage, car eux-mêmes n'ont pas accès au crédit et doivent donc pouvoir s'autofinancer.

De ce fait, la qualité de leur prestation et de conservation nécessite l'intervention fréquente de l'acheteur qui doit exercer des contrôles.

Avec un minimum de développement, les systèmes d'information prennent une part croissante pour tenir producteur et négociant informés des préférences changeantes des consommateurs, orienter le marketing et les investissements. Des technologies novatrices comme internet touchent de plus en plus d'agriculteurs : e-choupal, site d'information agricole en ligne, touche environ 40 000 villages en Inde pour 4 millions d'agriculteurs.

Du côté des produits frais et des produits à forte valeur ajoutée, l'évolution est également rapide avec le développement de chaînes de supermarchés et des industries alimentaires de la restauration. De même une évolution inéluctable est de transformer les aliments avant l'arrivée au consommateur. Les dépenses en aliments transformés restent faibles dans les pays en développement, mais c'est dans ces pays qu'elles croissent le plus rapidement : 13% par an dans les pays à faible revenu. Le « manger dehors » devient populaire sur toute la planète et par exemple les dépenses en restauration représentent aujourd'hui 22% des budgets consacrés à l'alimentation au Brésil et 15% des dépenses alimentaires dans les milieux urbains de la Chine (Byerlee and Janvry 2008).

Selon une étude menée dans quatre états indiens du Tamil Nadu et reprise par la Banque mondiale, sur 78 marchés de gros traitant des mangues, des tomates, du curcuma et du maïs :

- 17% n'étaient pas pourvu d'échoppes couvertes,
- environ la moitié ne disposait pas d'allées pavées sur la place de marché,
- 40% des échoppes n'étaient pas alimentées en électricité,
- Seulement 6% des marchés étaient munis de chambre froide.

Une étude complémentaire montre que les producteurs agricoles les plus riches ont tendance à monopoliser une part disproportionnée des avantages liés aux équipements présents sur les marchés de gros encombrés (Umali-Deininger and Shilpi 2008).

De façon générale, les marchés munis de systèmes modernes d'approvisionnement ont tendance à laisser pour compte les petits producteurs dépourvus d'actifs. Les acheteurs de supermarchés préfèrent traiter avec des exploitations agricoles de taille moyenne ou grande. Une exception qui n'est pas marginale – ni dans les pays en développement, ni dans les pays développés – est la recherche de petits producteurs locaux pour des consommateurs socialement engagés sur le thème « achetez aux petits paysans locaux ».

Le déterminant principal dans l'accès au marché n'est pas cependant nécessairement la taille de l'exploitation. C'est l'ensemble « accès aux actifs physiques, humains et sociaux, à l'éducation, à l'irrigation, aux transports, aux routes » qui permet d'améliorer la courbe de croissance du petit producteur. Et parmi les actifs physiques, un ensemble d'éléments intervient tels que l'accès aux puits, aux chaînes du froid, aux serres, à l'eau d'irrigation de bonne qualité, la possibilité d'acquisition de véhicules, de hangars… (Byerlee and Janvry 2008)

La participation aux chaînes d'approvisionnement modernes peut accroître le revenu des producteurs agricoles de 10% à 100% comme au Guatemala, en Indonésie et au Kenya (Berdegué, Reardon et al. 2007).

Mais les mutations n'en demeurent pas moins très profondes au fil du temps et avec le développement. Ainsi en Argentine, entre 1984 et 1993, durant la période la plus intense en termes de multiplication de supermarchés, le nombre de petites épiceries a chuté de 209000 à 145000 (Byerlee and Janvry 2008). Cela ne signifie pas pour autant que la distribution, au fil des évolutions soit condamnée au déclin en termes d'effectifs.

Les marchés contribuent à renforcer l'efficacité des petits producteurs, sans toutefois produire spontanément des résultats socialement souhaitables. Des mesures d'appoint sont nécessaires pour que les petits exploitants ne soient pas lésés.

De façon naturelle, un petit producteur qui peut accéder au marché avec des produits ultra-frais se met en situation d'intéresser tous ses clients - particuliers, négociants ou supermarchés. La création d'un petit entreposage de produits frais immédiatement disponibles pour le petit producteur se justifie dès lors pleinement.

Un indicateur qui se justifierait pleinement mettrait en relation la durée de conservation et la distance du producteur au consommateur.

CHAPITRE 4

Les chocs négatifs

La caractéristique principale du producteur dans l'entreprise élémentaire est de partir de quasiment rien, d'affronter d'innombrables difficultés au cours de sa vie et de stagner dans une interminable continuité de génération en génération, passant à côté d'une trajectoire de développement réel.

Cette situation au premier abord désespérante mérite d'être creusée. La première question sur laquelle se pencher est tout d'abord ce que peut signifier : « partir de rien »

Malthus avait dans son essai sur le principe de la population, de façon assez fine, observé que les populations des pays avaient tendance à progresser de façon géométrique, pouvant doubler en théorie tous les vingt-cinq ans, tandis que les possibilités de subsistance s'accroissaient de façon arithmétique, avec cette idée que les rendements de la terre étaient décroissants. D'où cette conclusion sur une tendance permanente à la surpopulation et cette idée abrupte que le « pauvre est de trop au banquet de la nature » (Malthus 1999).

Le démarrage dans la vie du producteur

Le petit producteur correspond assez bien à son démarrage dans la vie active à cet individu en trop.

Une autre observation de Malthus est de considérer les « oscillations de population » : la nourriture augmente et aussitôt la population croît beaucoup plus rapidement, ce qui favorise selon lui les guerres, les épidémies et le vice.

A y regarder de plus près, la vie du petit producteur qui survit à son départ difficile dans la vie active, va se traduire par une succession de déboires : guerres, maladies. Il ne va donc pas pouvoir suivre « sa route » sur un long chemin d'une modeste croissance de 2 % ou 3% par an. Sa vie va être une succession de chocs terribles, des chocs peu nombreux mais qui vont être en quelque sorte l'application microéconomique des principes malthusiens de surpopulation.

Revenons au départ. L'entrée dans la vie active fait d'un pauvre immédiatement un entrepreneur et il cumule trois fonctions :

- il travaille pour trouver de quoi survivre,
- il remet en permanence dans son activité le capital qui lui parvient sous une forme ou une autre donc c'est un investisseur,
- et enfin il organise son travail en fonction de son maigre capital, en ce sens il entreprend parce qu'il n'a pas d'autre choix.

Son horizon personnel est celui d'une collectivité confrontée aux mêmes problèmes que lui : ses voisins, comme lui, cherchent à survivre et dans la gestion collective des difficultés, les seules préoccupations sont de résister au mieux aux chocs terribles dont les différentes générations ont l'expérience.

Donc la collectivité n'acquiert de sens que pour se protéger des vicissitudes.

Le « point zéro » du démarrage n'existe pas réellement. L'instinct de préservation, l'instinct de survie de l'espèce fait que les proches de chaque individu s'efforcent de faire un don pour permettre de démarrer.

C'est donc avec ce don, souvent lié à la mise en couple de jeunes gens qui prennent leur autonomie, que doit démarrer le petit entrepreneur.

Ce don n'est pas forcément gratuit : dans toutes les collectivités, il entraîne tôt ou tard la nécessité d'un contre-don (Godelier 1994). Laissons cependant de côté cette réciprocité qui crée le lien social.

Le don primitif pour démarrer dans la vie active, va donc fournir un curseur de départ. Des jeunes gens s'installent et, selon la fortune, démarrent avec une chèvre, deux chèvres, trois chèvres.

Arrêtons-nous sur ce capital primitif pour tracer une trajectoire théorique de vie.

Imaginons qu'une chèvre et un capital annexe (des poules, etc.) permettent la survie d'un couple.

Deux chèvres vont donc apporter un peu plus que de quoi survivre, trois chèvres encore un peu plus.

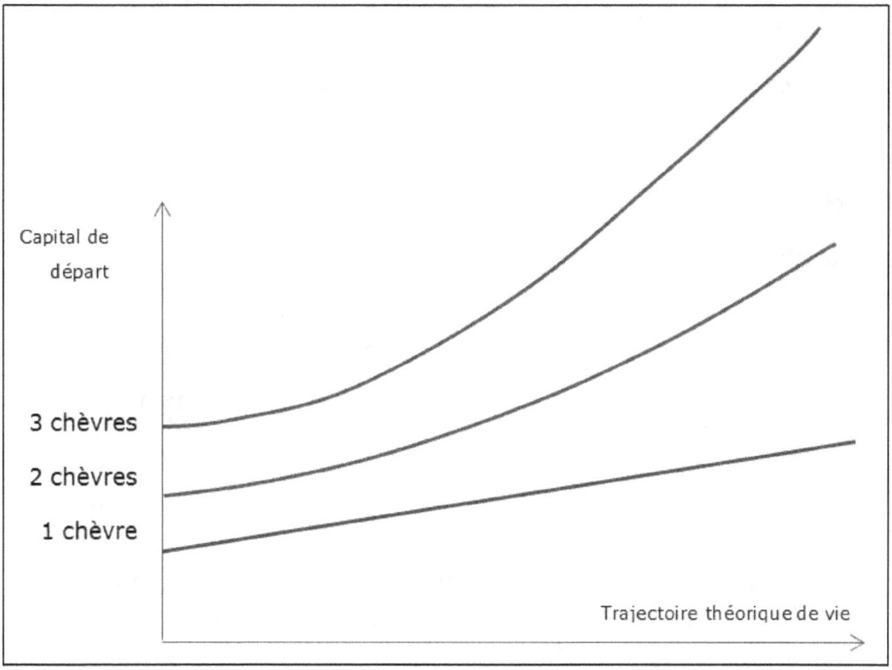

Au fil du temps, l'écart théorique se creuse entre les trois couples qui vont bénéficier d'un don plus ou moins important au départ.

Dans la réalité, des chocs multiples vont rebattre les cartes de la « chance » de ces trois couples, au point que tous auront probablement, avec leur maigre cheptel, une trajectoire à peu près comparable, s'ils évoluent dans le même environnement.

Admettons tout même que rien ne vienne perturber une trajectoire de croissance séculaire de 2% par an. Au bout de 36 ans de labeur, chacun aura doublé son capital de départ.

Plusieurs événements stochastiquement impossibles

Au bout de 36 ans, celui qui part avec une chèvre aura rattrapé le second et aura donc 2 chèvres, lequel aura rattrapé le troisième au bout de 22 ans. Et le troisième qui a démarré dans la vie active avec 3 chèvres rattraperait un quatrième couple doté de quatre chèvres au départ au bout de 16 ans. Intuitivement, on imagine bien que, sur cette longue durée, de multiples événements peuvent complètement bouleverser la donne, la contrarier, la renforcer. Ces couples, s'ils sont issus de la même collectivité risquent fort au final d'avoir peu d'écart entre eux car au cours de leur vie vont survenir des chocs qui vont avoir tendance à niveler par le bas leur parcours individuel.

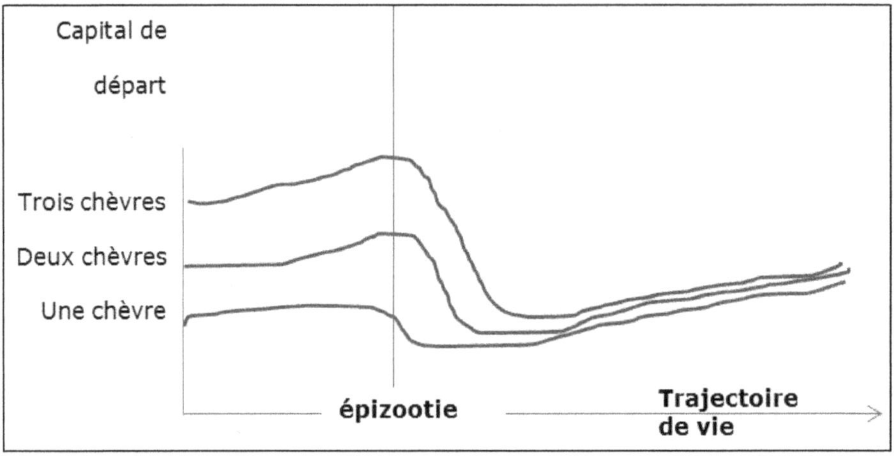

La survenue de ces événements est peu probable. On peut même dire pour reprendre un langage mathématique qu'un événement de telle nature est stochastiquement impossible, c'est-à-dire qu'il est de probabilité nulle : une guerre dans la plupart des pays aujourd'hui « ne doit pas » arriver. Et pourtant, parfois, elle arrive.

Au cours d'une vie, quelques événements tragiques vont jalonner la plupart des parcours, alors que mentalement personne n'a envie de s'y préparer :

- une guerre ? *On ne pensait pas tout de même pas en arriver là ?*
- une pandémie ? *Tout allait bien jusque-là, c'est à peine croyable, c'est un coup du destin*
- le décès d'un actif dans la communauté? *Il était en bonne santé et en pleine force de l'âge, on n'aurait jamais imaginé.*
- une maladie de la mère ou du père pendant la récolte ? *c'est arrivé brusquement au pire moment.*

En réalité, chaque individu vit tous les jours, sans forcément s'en rendre compte, des événements de probabilité nulle.

Les mathématiques apportent une réponse à cette contradiction apparente dans la distinction entre variables discrètes et variables continues.

La probabilité d'un événement grave pour un individu - un accident de la circulation par exemple - sur un mois est nulle. Pour parvenir à ce que cet événement ne soit plus de probabilité nulle, il faut s'intéresser au domaine du continu et remplacer la notion de probabilité par celle de densité de probabilité, c'est-à-dire associer une probabilité avec une unité de mesure) et donc calculer des probabilités associées à des fourchettes par intégration de la densité sur ces intervalles. Les probabilités ne sont donc plus associées à des valeurs, mais à des intervalles. La probabilité ne redevient nulle que lorsque l'intervalle est réduit à un point.

Au final, dans l'intervalle d'une vie, beaucoup d'événements de probabilité nulle surgissent et affectent différemment les individus. Au global, tous les individus subissent des événements dramatiques normalement différents mais qui finissent tous par se ressembler... jusqu'au dernier événement économique qui est la mort de l'individu. La mort, à l'instant *t*, est de probabilité nulle et sur un intervalle total de vie, de probabilité certaine.

La conjecture des chocs négatifs dans la vie du petit producteur

La vie du petit producteur qui démarre dans la vie avec tout juste un don de la communauté n'est donc pas facile, mais tout laisse à penser qu'il devrait peu à peu progresser, beaucoup plus vite qu'au rythme d'une progression séculaire de 2%, fort heureusement. Ainsi, avec un peu d'optimisme et de chance on peut imaginer que le petit producteur va pouvoir développer un cheptel, se nourrir d'un champ et élever une petite famille tranquillement.

Le problème est que la vie n'est pas faite d'une croissance tranquille et que des événements vont marquer tous les petits producteurs. Partons sur l'hypothèse de 5 événements majeurs (peu importe pour la démonstration qu'ils soient 4 ou 6 ou 8). Ces cinq événements sont les suivants :

- 1 guerre,
- 1 épizootie,
- 1 décès d'actif dans la communauté familiale de 2 actifs,
- 2 famines liées à des récoltes catastrophiques.

Ces 5 événements qui jalonnent la vie du petit producteur ont des répercussions négatives sur sa trajectoire de croissance.

Une conjecture qui peut être présentée est de dire que :

Un faible nombre d'événements, de probabilité nulle,
vont jalonner la vie d'un individu
et créer la plupart du temps des chocs négatifs.
Ces chocs négatifs vont affecter plus ou moins durablement
la trajectoire de croissance d'un individu.

Pourquoi privilégier les chocs négatifs et ne pas mettre l'accent sur des événements positifs, tels qu'un héritage qui vient améliorer le sort d'un individu au cours de sa vie ? Essentiellement parce qu'un héritage a de forte chance d'être perçu comme produit à consommer, plutôt que de figurer comme levier d'investissement. C'est un peu le syndrome du gagnant au loto, ou du joueur de football de haut niveau qui auront tendance à « flamber » leur capital en quelques années.

Les chocs négatifs vont avoir pour conséquence de créer une chute rapide de l'individu à un niveau beaucoup plus bas pour redémarrer, avec parfois des conséquences en cascade. Une fois le point d'équilibre atteint à un seuil plus bas de croissance, l'individu redémarre, souvent plus vite, jusqu'à la chute suivante.

Ce sont donc ces chocs économiques qu'il convient de prendre en compte, plus que la trajectoire globale et linéaire du petit producteur, pour comprendre comment il peut améliorer son sort.

La trajectoire finale d'un individu avec une croissance séculaire de 2% de l'économie dans laquelle il a pris place masque en fait une infinité de chocs négatifs qui impactent une trajectoire théoriquement assez rapide.

Certes, il n'est pas imaginable que des économistes puissent influer sur le cours de l'histoire en démontrant au tableau qu'une guerre ne sera pas économiquement profitable. Ceci étant, la prise en compte des chocs fournit l'occasion d'une autre approche : celle du choc positif.

Le producteur/consommateur/investisseur

Les pays en développement qui au cours des dernières décennies sont parvenus à réduire la pauvreté ont su, ou eu l'opportunité de développer leurs capacités productives. Cette notion - peut être trop évidente – a été approfondie dans le rapport 2006 de la CNUCED (Gore 2006). Ce rapport met l'accent sur l'aspect macroéconomique des déterminants de la croissance mais fait peu de cas des aspects microéconomiques. Il y est certes fait état des « incitations nécessaires » pour renforcer les capacités productives, comme étant l'un des sept engagements clés pour que les PMA (pays les moins avancés) sortent de leur marginalisation. La difficulté de ce type de rapport qui a pour vocation de servir de boîte à outils des politiques publiques est évidemment le caractère très théorique de l'approche. Par exemple dire que « *la production est principalement le fait d'entrepreneurs compétents qui mobilisent des ressources productives et des intrants pour produire des extrants répondant profitablement à la demande présente effective et à la demande future prévisible* » n'est pas le reflet exact de la réalité microéconomique, car l'individu réagit d'abord, en économie de subsistance, à sa propre demande de survie.

Si l'on creuse maintenant la notion de « capacités productives », le rapport onusien, de façon classique, précise qu'il s'agit des « ressources productives » (ressources naturelles, humaines, financières, de capital physique), des capacités « entrepreneuriales » et des « liens de production ».

Pour aller plus loin, les « capacités entrepreneuriales » sont « *les compétences, les connaissances et les informations dont disposent les entreprises pour, premièrement, mobiliser les ressources productives afin de transformer les intrants en extrants capables de satisfaire de manière compétitive la demande présente et future, et, deuxièmement investir, innover, améliorer la qualité des produits, et même créer de nouveaux marchés.* » Dans cette approche globale, la vision onusienne s'écarte de la réalité de terrain car le problème de l'entrepreneur n'est pas précisément initialement de satisfaire la demande d'un marché. C'est là toute la difficulté de faire émerger le ressort de l'entreprise en tant qu'acte d'entreprendre. Il est en effet de peu d'utilité de disserter sur les capacités technologiques de l'entrepreneur, ses capacités d'investissement, « d'innovation incrémentielle », de commercialisation stratégique, d'innovation… si on ne détecte pas le stimulus premier de l'entrepreneur.

Or, comme l'a bien démontré William Easterly (Easterly 2006), « les gens agissent selon les bénéfices qu'ils peuvent tirer de leurs actions ». Sur n'importe quel point de la planète, l'analyse coûts-avantages demeure fondamentale à l'échelon le plus restreint de l'action. Ce qui fait que les déterminants des capacités productives que sont l'accumulation du capital, le progrès technologique, le changement structurel, ne sont que des éléments incomplets pour décrire la réalité.

Avant même de parler d'accumulation primitive, viennent en amont deux éléments primordiaux :

- un intrant psychologique,
- une décision d'investir.

L'intrant psychologique est l'information clé qui, dans le bruit de fond d'un ensemble d'informations, va fournir un motif de décision. Par exemple, le téléphone portable a été rapidement perçu comme un outil potentiel pour développer les transactions financières quotidiennes qui sont ainsi grandement facilitées. Cette connaissance entrante de l'usage du téléphone portable est certes insuffisante, mais elle est déterminante pour prendre la décision d'investir dans un téléphone portable. Autre « économie » réalisable avec le téléphone portable : pouvoir prendre des nouvelles de la santé de quelqu'un à plusieurs centaines de kilomètres et éviter ainsi un voyage d'une dizaine de jours à 8km/h sur des pistes quasiment impraticables.

Il faut donc, à la base du développement, un contact avec l'environnement, sinon mondial du moins régional. L'individu doit pouvoir s'enrichir – sans forcément qu'interviennent des notions d'éducation ou de capabilités – d'informations pertinentes qui vont l'émouvoir au sens original du terme, c'est-à-dire qui vont le faire « bouger »... même si précisément les informations dont il va disposer vont lui éviter de bouger physiquement.

Le deuxième élément fondamental est la décision d'investir. Comment un individu « entreprend », est une question fondamentale. Trois éléments interviennent essentiellement :

- l'intérêt personnel,
- la confiance ou la mise en confiance,
- l'accessibilité de l'objectif d'investissement.

Ce sont là des ressorts déterminants pour la croissance.

L'intérêt personnel est le calcul initial de l'individu. Il convient mieux que le terme d'utilité, il est plus global. L'individu prend en compte, avant même de décider, un ensemble de données qui incluent le prestige, la reconnaissance, l'amélioration des conditions de vie, etc. Cet intérêt personnel pour intervenir comme élément de croissance microéconomique, doit être clairement perçu et donc représenter un réel enjeu.

La confiance est à la fois une notion de construction personnelle, liée à l'expérience de vie, mais également un apport extérieur. Cet apport extérieur peut consister éventuellement à faire émerger, à clarifier, la notion d'intérêt pour l'individu.

L'accessibilité de l'objectif d'investissement est enfin le lien avec la décision d'investir. Il représente le chemin à parcourir pour parvenir à améliorer d'un cran sa situation dans un contexte donné.

Ces éléments vont servir de support à l'analyse de l'implantation de chambres froides dans les pays les moins avancés (PMA).

La trajectoire de croissance dans une vie

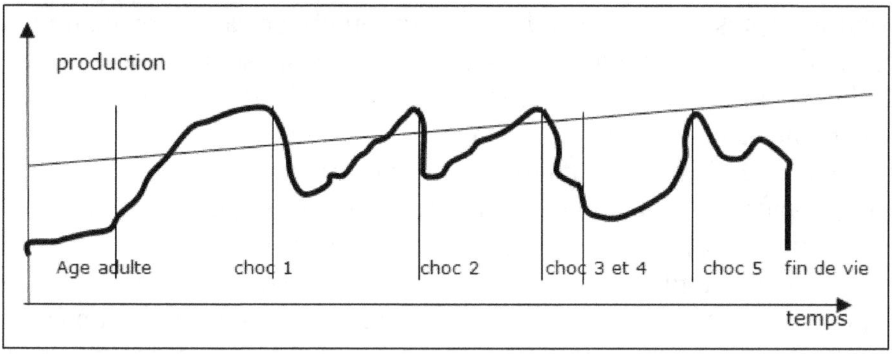

Au total, au cours d'une vie, un individu suit une trajectoire de production qui peut dans les pays les moins avancés être largement tributaire des 4 ou 5 chocs économiques que l'individu va subir dans sa vie.

Sur le graphique ci-dessus, un individu démarre dans la vie en améliorant considérablement au départ sa productivité au moment du passage à l'âge adulte. Puis survient le premier choc dont il se remet, puis un deuxième, etc. Vers la fin de sa vie, il enregistrera plutôt un déclin de sa productivité. *In fine*, il ne saura pas véritablement s'éloigner d'une trajectoire de croissance séculaire, 2% par an, s'il ne peut bénéficier d'un choc économique positif.

Après un choc négatif, les propensions du producteur/consommateur/investisseur

Investissement et épargne

Un élément central dans la théorie keynésienne de l'emploi (Keynes 1936) repose sur le principe de la demande effective. Celle-ci est constituée de la consommation et des investissements. Or la consommation, au fur et à mesure de l'enrichissement d'une société, tend à se réduire proportionnellement à la demande effective globale et donc les investissements ne suffisent plus à fournir l'emploi nécessaire.

Pour le petit producteur qui cumule à la fois les fonctions de consommateur et d'investisseur, on peut se demander quelle attitude il va adopter dès lors que sa situation s'améliore. Est-ce qu'il produit moins pour subvenir à sa famille ? Comment, en d'autres termes, partage-t-il son revenu entre consommation et investissement ?

S’il se met au « chômage » – c’est-à-dire s’il préfère l’oisiveté -, dans ce cas, il ne perturbe en rien la demande effective qui reste optimale puisque sa demande équivaut toujours à sa consommation et à ses investissements. Et les réserves dont il dispose, lui permettent de subvenir à ces périodes d’inoccupation « productive », lesquelles, en la circonstance, sont définies comme volontaires.

A-t-il réellement le choix de ne pas travailler puisqu’il est son propre patron, qu’il a une visibilité sur sa consommation et celle de sa communauté et qu’il ne peut financer constamment son inactivité ? C’est sans compter sur l’incertitude, ou plus exactement la certitude que des chocs négatifs surviennent dans l’existence : personne ne traverse une vie sans difficulté passagère. Toutes les causes de chocs négatifs subsistent à l’échelle d’une communauté en développement. Donc l’entrepreneur/consommateur/épargnant n’est absolument pas incité à s’octroyer une phase de répit s’il veut maintenir son niveau car toute sa problématique n’est pas qu’une pause dans son activité, un ralentissement ou un congé sabbatique, viennent simplement réduire d’une fraction le niveau de vie qu’il a atteint, mais bien au-delà, il peut craindre de retomber très bas. Même donc en devenant immensément riche, le petit producteur/consommateur/épargnant a tout intérêt à se maintenir en activité.

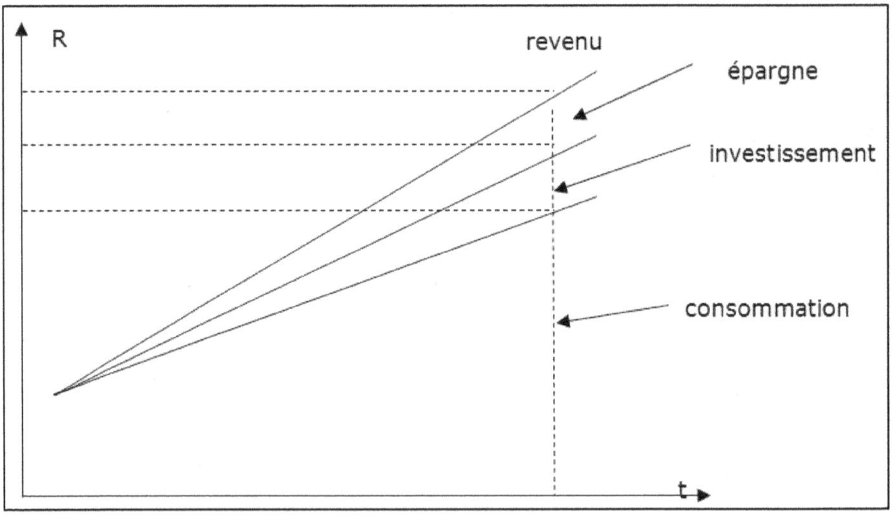

Admettons qu’un choc négatif prive le producteur d’une bonne partie de ses ressources. C’est immédiatement l’anéantissement de l’épargne et de l’investissement qui survient. Et la consommation se trouve également contrainte, cette fois en valeur absolue.

Lorsque le revenu augmente, les différents postes – consommation, épargne, investissement - peuvent évoluer de façon positive également.

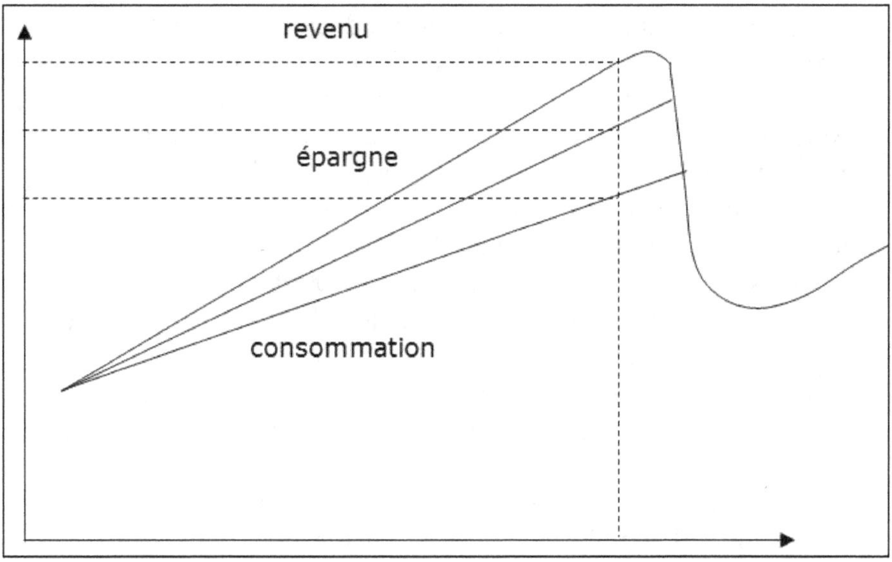

En réalité, lorsque le petit producteur subit différents chocs au cours de sa vie, ses efforts d'épargne et d'investissement sont anéantis instantanément et il ne peut jamais sortir de sa condition.

Production

Dans le domaine de la production, le choc négatif a un impact différencié : si l'entreprise est victime d'une sécheresse ou d'une inondation, il est difficile de reprendre la production.

En revanche, s'il s'agit d'une guerre ou d'une épidémie, la vie reprend rapidement le dessus et pour survivre, le petit producteur n'a d'autre choix que repartir aux champs.

Sa propension à produire va rester proportionnellement plus forte après un choc, parce qu'aucun autre choix ne se présente à lui.

Consommation

Le petit producteur qui subit un choc négatif a évidemment pour première préoccupation de pouvoir continuer à se nourrir au quotidien. Donc avant même de retourner au champ, s'il le peut, il saura passer des heures entières devant les stocks des ONG ou de l'Onu, en attendant une distribution. A moins que le paysan tranquille ne se transforme en pilleur de magasin. La recherche instantanée d'aliments va donc occuper l'essentiel des premiers jours suivant un choc, et donc cette situation d'exception va retarder le délai de retour à une production normale.

Donc en quelque sorte, le petit producteur va commencer par assurer sa consommation, puis revenir à une activité productive et enfin tenter de remonter la pente avec des investissements.

Si le principe de multiplicateur d'investissement a permis de mieux appréhender des effets cumulatifs des investissements, il serait possible de la même manière de décrire un **principe de multiplicateur négatif des chocs**.

Prenons un exemple sur une période courte de production. Un producteur de tomates est victime une nuit du passage d'un troupeau d'animaux sauvages. Ces animaux dévastent les pieds de tomates de tout un village et se nourrissent de toutes les tomates mûres.

Il faut huit jours pour que de nouvelles tomates mûrissent sur les pieds endommagés

Le lendemain du désastre deux hypothèses sont possibles :

- 1. l'agriculteur n'a pas de stock. Il n'a plus rien à vendre. Son activité s'arrête et s'il n'a aucune autre ressource, il doit alors survivre et consacrer la totalité de son temps à se nourrir. Sa situation s'aggrave car, il ne peut consacrer son temps à redresser les pieds meurtris de tomates, à soigner ses plantations et donc la nouvelle cueillette possible huit jours plus tard en sera d'autant réduite.
- 2. l'agriculteur dispose d'un système de stockage de produits frais. Il peut absorber le choc des dégâts et continuer à se consacrer à sa production et à la vente, pendant les huit jours qui vont constituer la soudure avec la future récolte.

Les investissements antérieurs d'un agriculteur dans le stockage de tomates, vont donc permettre **d'enrayer non seulement la chute mais plus encore les effets cumulatifs d'un choc.**

Analyse des chocs négatifs

L'analyse des chocs, positifs ou négatifs est le complément indispensable de l'analyse de la croissance dans les pays en développement. En effet, comment comprendre la croissance potentielle, si on n'intègre pas dès le départ les vicissitudes de la vie dans les économies peu développées. Car précisément, c'est dans ces contrées que les chocs sont les plus douloureusement ressentis : l'absence d'assurance, la difficulté à prendre des risques, les conséquences désastreuses des guerres, des famines plus généralement des catastrophes naturelles font que l'on ne peut lire une courbe de croissance sans y intégrer les multiples chocs au cours d'une vie de producteur.

Dans un premier temps nous allons donc tenter de décrire les chocs négatifs et positifs, et de les caractériser pour mieux faire ressortir les éléments indispensables pour minimiser les chutes et maximiser les chances de se situer sur la ligne d'un choc positif.

Les chocs sont externes : famines, sécheresses, guerres

La première caractéristique des chocs est qu'ils sont extérieurs à la volonté de l'individu. Ils lui échappent complètement. On peut certes prendre le cas de l'individu qui vit dangereusement en consommant par exemple excessivement de l'alcool et donc en multipliant les risques de désocialisation, les risques de cancers, etc. Un comportement quotidien cependant ne constitue pas un choc, même s'il aboutit à une tragédie.

Le choc survient de façon inopinée, parfois très rapidement.

Une guerre peut durer plusieurs années. Elle ne génère pas forcément un choc pour l'individu, il peut s'adapter à un nouveau mode d'échange : le troc, le marché noir, etc. La guerre qui va l'affecter est celle qui en quelques minutes ravage son village : la moitié des maisons détruites en quelques minutes, la moitié de la population – et donc ses clients – perdus – un traumatisme émotionnel… comme dans bon nombre de faits divers, les survivants expliquent que *« tout s'est passé très vite »*.

Le petit entrepreneur survivant doit tout à coup cesser l'activité en cours pour se consacrer exclusivement à cette guerre : enterrer, soigner, réparer, reconstruire, survivre sur le plan alimentaire éventuellement en se battant, surveiller, protéger ce qui peut encore l'être. Les dégâts humains semblent quasiment irréparables avant que l'individu ne trouve un nouvel équilibre économique : la vie reprenant le dessus, il faudra qu'il reparte aux champs, retrouve éventuellement quelques animaux épars pour reconstituer un cheptel, etc. Le temps consacré à la guerre et au moins à ses effets collatéraux est une déperdition considérable d'énergie pour lui et ses proches avec des revenus qui diminuent et également un capital diminué. Cependant, si aucun autre élément ne vient prolonger la situation de guerre, celle qui est localement perceptible, il reprendra le chemin de la croissance assez rapidement à un niveau beaucoup plus bas.

Dernier point sur la guerre : le petit producteur peut éventuellement combler ses pertes en étant lui-même guerrier et donc capter un part du capital de ses adversaires. Il calcule alors le meilleur moment pour le faire. C'est ainsi que par exemple très longtemps en occident, les paysans étaient réquisitionnés pour les guerres à certaines périodes de l'année seulement. En hiver, ils restaient chez eux, reprenaient la guerre avec les beaux jours et lorsqu'ils arrivaient sur les champs de bataille et pouvaient compenser leur absence de leurs terres par un butin pris sur l'ennemi.

Pour ce qui est de la famine : le choc est, à nouveau, caractérisé par l'aspect extérieur à la volonté de l'individu. Il n'est pas aussi brutal qu'une guerre mais à nouveau des effets en cascade peuvent survenir : par exemple la récolte étant exécrable, le petit producteur va épuiser le stock de grains normalement destiné aux prochaines semences : c'est le début classique des famines. Donc l'année suivante, il n'a plus rien à semer et se prive au moment de la récolte suivante de ses ressources.

La maladie affecte plus rapidement les individus. L'incapacité de travailler peut mettre à mal l'équilibre de la cellule économique si elle survient au plus mauvais moment – la récolte par exemple. Mais, comme les guerres, la maladie a des répercussions très variables. Une simple affection de quelques jours peut se rattraper sur le plan de l'activité dans les semaines qui suivent. Mais, au fur et à mesure que la maladie se prolonge, elle devient peu à peu paralysante pour la cellule familiale. S'il s'agit d'une épidémie, la maladie peut alors affecter aussi la clientèle du petit producteur et donc ses débouchés. Un effet cumulatif contribue à dégrader fortement la situation.

Durabilité des chocs négatifs et taxonomie

Autre élément caractéristique des chocs : la durabilité. Elle est intuitivement déterminante pour savoir si un individu a des chances de s'en sortir. La prise en compte du temps nous amène à une première taxonomie des chutes :

Le rebond

Le premier type de chute peut être défini par sa brièveté. Il s'agit d'une phase dramatique dans la vie d'un actif, plus ou moins profonde, mais qui se résout par une remontée rapide de l'individu. Il peut s'agir par exemple d'un décès du chef de famille. Il faut alors pour l'actif – s'il n'est pas le chef de famille – prendre un nouveau poste de responsabilité. La production peut s'arrêter quelques jours, la réorganisation prend un peu de temps, des conflits peuvent surgir, mais au global, l'individu, s'il a atteint l'âge adulte, peut remonter rapidement la pente.

Dans le même ordre d'idées, il peut s'agir d'une grêle, d'orages violents qui détruisent un travail à reprendre, de pertes partielles de cheptel qu'il va falloir renouveler.

Dans le cas de la chute avec rebond, l'individu se remet rapidement de cette chute de très court terme, laquelle dure tout au plus trois mois.

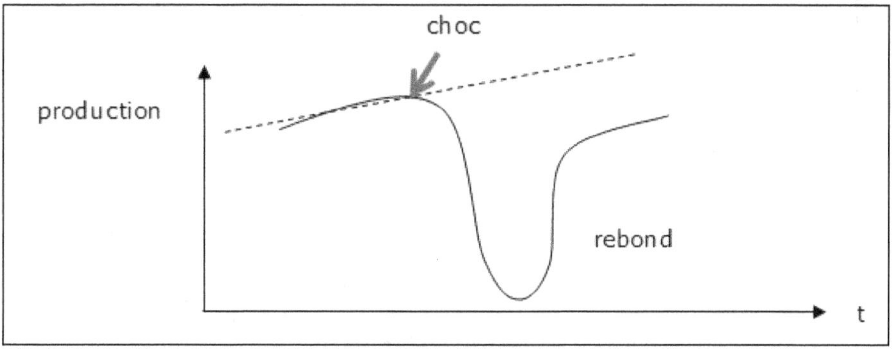

La diagonale

Le deuxième type de chute se caractérise par une pente inclinée inexorable. L'individu va « glisser » sur cette pente sans possibilité d'enrayer la chute.

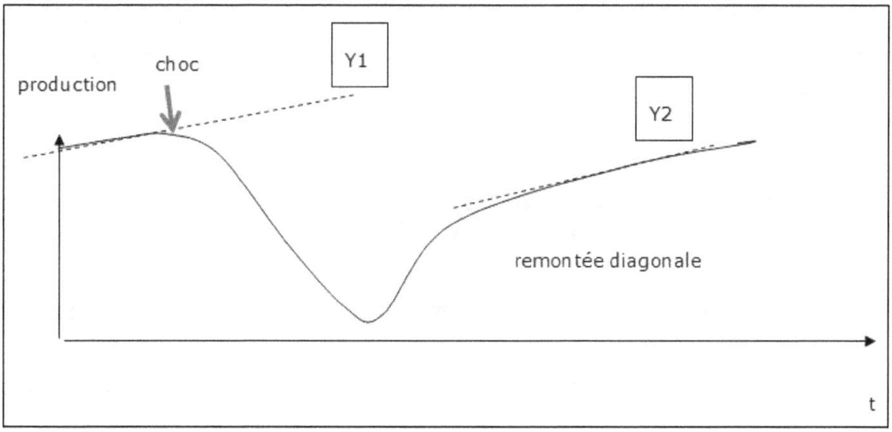

Il peut s'agir par exemple d'une perte en capital qui se cumule : une maladie du cheptel, une fonte de quelques économies, des dépenses inattendues qui détournent également du temps de travail, qui se répercutent sur la gestion quotidienne. L'individu revient dès qu'il le peut à un niveau supérieur parce qu'il peut « emprunter » ou bénéficier à nouveau de la confiance de son environnement dès que sa période d'infortune est passée. Mais, il reprend toujours son chemin habituel de croissance à un niveau inférieur (Y2)

Le choc à fond plat

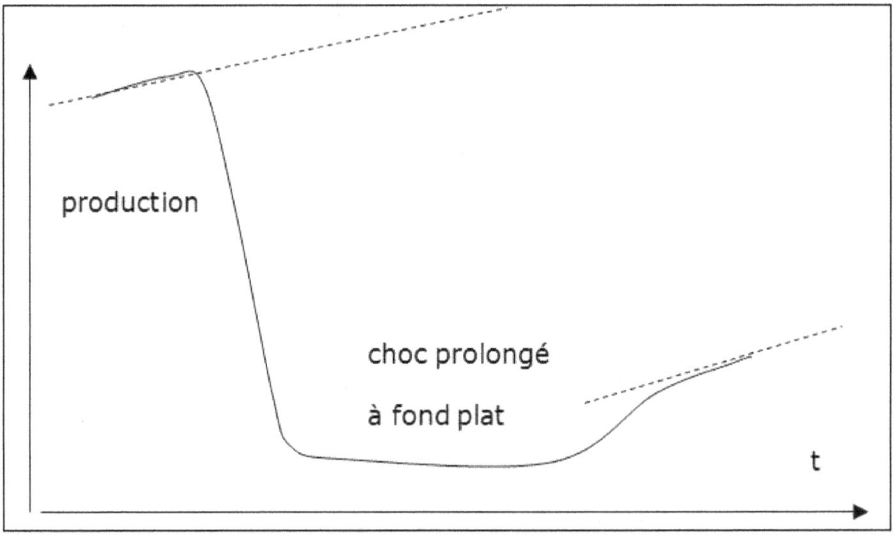

Dans le cas d'un choc prolongé, l'individu perd son environnement social, son statut, le réseau de confiance qui peut lui permettre de retrouver des repères : une reconnaissance de propriété, un capital. Dès lors l'individu doit repartir de zéro dans un autre contexte, un autre environnement où éventuellement il sera perçu comme intrus et concurrent.

Ce choc prolongé peut provenir d'un état de guerre, d'un changement climatique durable qui va obliger l'individu à quitter sa terre pour se « réfugier », c'est-à-dire étymologiquement « fuir en rebroussant chemin ». Cette rétrogradation sociale et financière est beaucoup plus longue à endiguer et le jour où l'individu peut repartir sur des bases nouvelles, il a non seulement perdu confiance en lui, mais il n'a plus ses proches et la solidarité dont il peut bénéficier n'est pas facile à acquérir ou à conserver. Elle ne lui permet généralement pas de retrouver son niveau antérieur de développement car il doit s'adapter à de nouvelles règles sociales, un nouvel univers de symboles et de réseaux de confiance, lesquels nécessitent un temps d'adaptation qui peut prendre plusieurs générations.

La hauteur de la chute : valeurs absolue et relative

La notion de chute mérite d'être précisée. Elle se caractérise certes par une pente négative verticale de la production. Quand x -> x_0, y -> 0

Deux éléments peuvent mieux la caractériser et sont déterminants pour le bien être de l'individu : la valeur absolue de la chute et sa valeur relative

Valeur absolue d'un choc

Sur le plan macroéconomique, l'agrégation des valeurs absolues donne une approche de l'impact d'un choc économique collectif sur une population, tel qu'une famine.

La valeur absolue d'un choc va donner des informations sur la quantité de travail ou de capital dont est privé le producteur.

Contrairement à ce qu'affirme la théorie microéconomique standard, le producteur ne peut évoluer sur une courbe d'indifférence et choisir de substituer du travail au capital ou réciproquement. A l'instant t, il subit de plein fouet le choc économique et sa production s'effondre.

Le choc se caractérise donc dans un premier temps par l'absence de solution immédiate pour substituer des facteurs de production, ce que les néoclassiques appellent les isoquantes.

Valeur relative d'un choc

La valeur relative d'un choc donne des informations sur la possibilité d'absorption du choc par l'individu. En effet, la part de privation de production influence d'autant la vie de l'individu qu'elle est proportionnellement plus grande. Il est évident que lorsqu'un producteur sur un marché peut bénéficier d'amortisseurs sociaux (assurances sociales, responsabilités limitées en droit dans son entreprise…) il peut plus facilement repartir sur de nouvelles bases. Le décès du chef de famille, s'il est artisan dans un pays développé va souvent contraindre la cellule familiale à repositionner l'activité : vente ou cessation de l'affaire, reprise d'un travail salarié pour la conjointe… Mais globalement la plupart du temps, l'entreprise a dû souscrire des assurances qui font que la veuve peut préserver son avenir personnel.

Dans un pays en développement, le décès du chef de famille peut peser proportionnellement beaucoup plus lourd. De même qu'un divorce qui va se traduire fréquemment par la déchéance sociale de l'un ou l'autre des partenaires, plus souvent la femme, surtout dans les pays en développement où la femme répudiée peut de surcroît connaître une forme de bannissement.

Qu'est-ce qu'une chute en économie ?

Le double effet

Une chute en économie non monétaire prend deux aspects. C'est à la fois pour l'individu une chute de sa consommation et une chute de sa production. Ces deux éléments sont significativement différents des analyses classiques ou keynésiennes qui intègrent au plan macroéconomique les variables de prix et de salaires.

Dans le cas présent, il n'y a ni « chômage volontaire », ni baisse de la propension à consommer ou à investir. L'individu subit un choc en deux étapes : tout d'abord il baisse sa production et sa consommation de façon très brutale et involontaire. Puis, il reste bloqué à un niveau inférieur de consommation et de production, comme tétanisé par l'absence de solution. Cet effet de cliquet se définit par l'absence de solution immédiate pour l'acteur.

Mathématiquement, un individu qui suit un chemin de croissance, défini instantanément par une tangente, va se retrouver projeté sur une tangente différente, plus ou moins parallèle mais à un niveau inférieur.

La différence de hauteur entre les deux tangentes qui encadrent un choc de production est l'effet de cliquet.

La force des chocs, les chutes et les vitesses de redressement

Les causes de vulnérabilité sont relativement bien identifiées pour des pays en développement. Reprenons la liste établie par Stefan Dercon à partir de la fréquence des chocs graves en Ethiopie rurale (1999-2004) (Dercon 2006/4).

Il évoque des fréquences de survenue de ces chocs et non des indices de gravité. Les déclarants font état des 3 chocs les plus graves. 95% des ménages ont rapporté au moins un choc grave :

- sécheresse,
- mort du chef de ménage, de l'époux ou d'une autre personne,

- maladie du chef de ménage, de l'époux ou d'une autre personne,
- incapacité à vendre la production ou chute du prix des produits,
- animaux ou maladies affectant les cultures,
- criminalité,
- difficultés à obtenir des intrants ou hausse des prix des intrants,
- mesures ou chocs politiques (redistribution de la terre, confiscation des actifs par l'Etat, repeuplement, contributions forcées ou taxes arbitraires),
- animaux ou maladies affectant le bétail.

En élargissant, aux problèmes fréquemment évoqués par la littérature :
- guerres,
- catastrophes naturelles autres que la sécheresse,
- basculements mentaux (changements d'application de préceptes religieux, nouveaux tabous…),
- crises individuelles (dépressions, épuisement mental et physique…).

Les chocs covariants qui semblent nombreux, accélèrent les phénomènes.

Essayons de visualiser le problème des chocs, pour mieux illustrer la solution à adopter.

Limitons-nous à l'impact des chocs sur la production Y.

Le choc a une particularité : par définition, il va provoquer une chute théoriquement verticale de la production. En d'autres termes, sur un intervalle de production donné, nous aurons F(x) = tangente verticale sur l'ensemble des valeurs de Y comprises dans cet intervalle.

La trajectoire de croissance faible mais constante d'un individu dans un pays en développement est assimilable à une vitesse de développement soit dV/dt. Lors d'une décélération ou d'une accélération de ce mouvement nous obtenons $f''(Y)_t$. Si enfin, cette décélération prend un tour très rapide, nous sommes alors en présence d'un choc qui est en quelque sorte l'accélération de l'accélération et nous sommes en présence de la dérivée troisième de la fonction f(Y), sur un intervalle donné, dont le point Y_1 nous fournit le minimum absolu, au moment où s'arrête la chute de production.

Donc $f'''(Y)$, dans un mouvement quasi vertical de Y, traduit cette situation.

Vient ensuite une phase d'inertie c'est-à-dire le temps d'amortissement de la catastrophe, la période de « la trappe à pauvreté », qui sera largement fonction du niveau initial de production, de la hauteur de la chute et également du niveau habituel de croissance f'(Y)

Dans le sens inverse, un choc d'investissement peut également avoir un impact considérable sur la croissance future.

Le mouvement est alors différent d'une chute, mais proche dans sa configuration. Nous ne sommes plus dans le cas d'une impulsion sur la croissance f', mais bel et bien dans une accélération de l'accélération, un choc qui a un impact complètement différent.

De même qu'une situation de crise crée une chute quasi verticale de la production et aboutit à une trappe à pauvreté, une situation de choc inverse assure un vrai décollage.

Un choc positif ou négatif n'a absolument pas le même impact qu'une simple accélération ou décélération dans la croissance, versus la décroissance, de la production.

Corrélation entre hauteur du choc et hauteur de la remontée

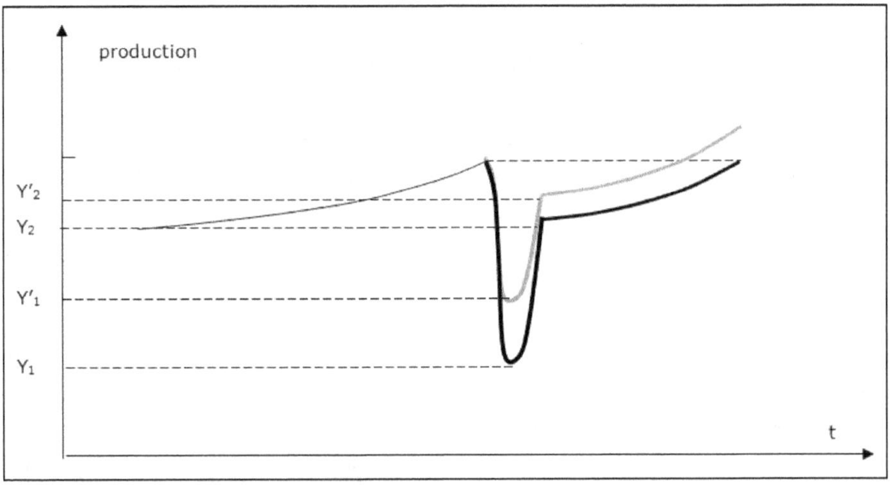

Le tracé noir indique un choc plus profond que le tracé gris : la remontée s'effectuera à un niveau inférieur mais probablement moindre que la différence de chute Y'_1 Y_1

Corrélation entre la largeur de la zone des minima et la hauteur de la remontée

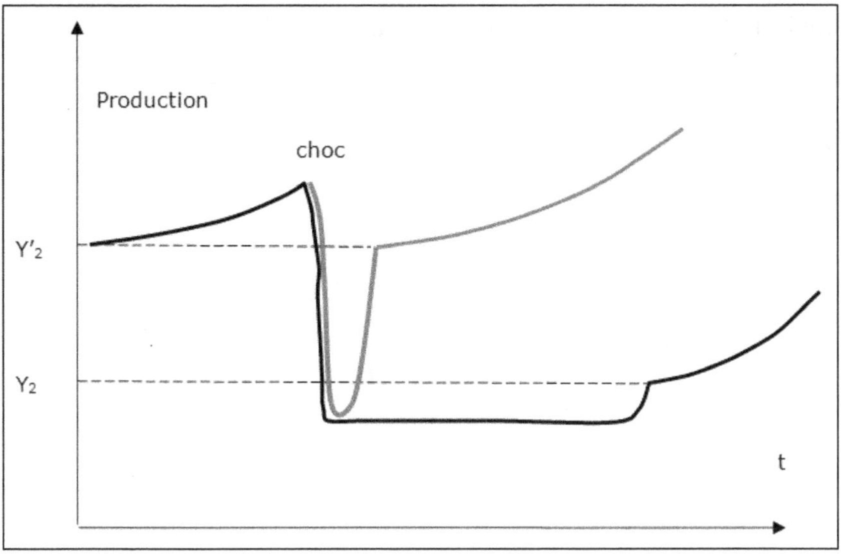

La hauteur de la remontée dans le cas de figure ci-dessus est inversement proportionnelle à la largeur (la durée) de la zone de choc. Par exemple, plus la durée d'attente dans un camp de réfugiés se prolonge et plus il sera difficile de retrouver un niveau antérieur de production.

Impact des chocs économiques selon le type de développement

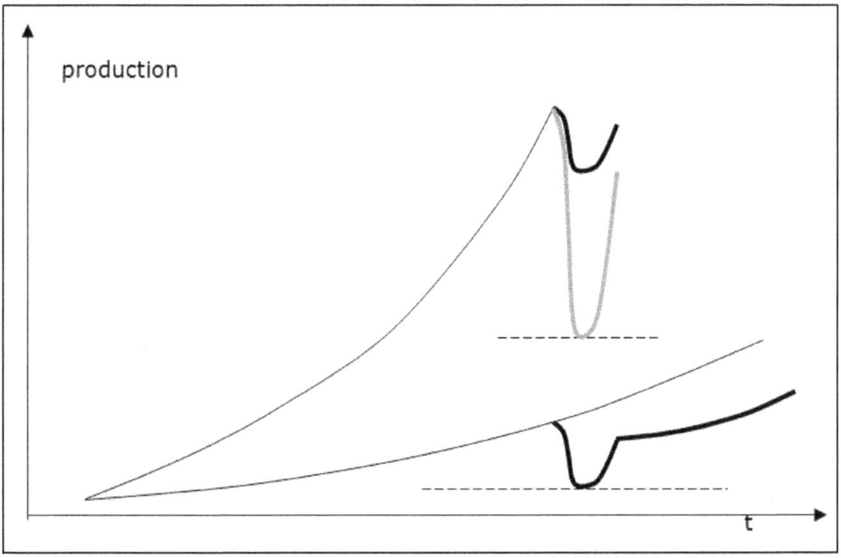

Plus la croissance est forte comme dans le graphique ci-dessus, plus le rattrapage est rapide pour revenir à un *statu quo ante.*

On peut également anticiper une plus grande élasticité dans le rebond du fait de l'amortissement social de la chute.

CHAPITRE 5

Les chocs positifs

De façon plus générale, puisque l'on ne peut expliquer le choc par des données économiques classiques : inflation, chômage, déficits, etc., et que le producteur/consommateur subit de plein fouet une chute avec effet de cliquet, est-ce que l'on peut imaginer également un choc positif, inverse cette fois qui permettrait au producteur de passer d'une courbe de croissance à une autre, nettement supérieure du jour au lendemain ? A vrai dire le choc positif ne tombe pas sous le sens et ne relève pas de l'évidence.

Les institutions telles que la Banque mondiale ou les gouvernants des pays développés interviennent sous forme de dons, prêts à taux réduits, investissements directs : ils s'emploient à injecter dans les économies sous-développées des fonds destinés à (re)monter la pente. Les résultats, longuement décrits dans la littérature, n'ont pas été souvent à la hauteur des espoirs. Très rarement ont pu être imaginés des changements radicaux, sauf à rester dans le domaine de l'idéologie.

Il paraît donc toujours difficile d'envisager des chocs positifs, des effets de cliquet dans un sens inverse d'une chute. Pourtant ceux-ci n'existent pas qu'en théorie.

Des événements heureux tout d'abord peuvent se produire dans la vie de l'individu. Par exemple un « bon mariage » va permettre à une femme de changer de condition et de pouvoir améliorer du jour au lendemain sa productivité en s'occupant d'un cheptel plus large, si elle s'unit à un éleveur bien doté. Et vice versa, si c'est la femme qui apporte une dot. Des enfants peuvent également au bout d'une dizaine d'années commencer à produire pour la cellule familiale et devenir très vite rentables dans les champs, ou tout au moins permettre au producteur de dégager du temps en s'abstenant d'accomplir des tâches annexes : passer, par exemple, une ou deux heures à aller chercher quotidiennement de l'eau au puits. Mais ces événements restent largement prévisibles et s'inscrivent dans la trajectoire de croissance générationnelle, donc relativement lissée : les effets du travail d'un adolescent pour aller chercher l'eau dans le puits ne changent pas radicalement la donne économique au sein de la cellule familiale.

Le micro-crédit a également été l'occasion de se pencher sur des possibilités données à des individus d'accéder à des possibilités nouvelles de production. L'accent a été cependant mis sur le financement de l'investissement plus que sur l'investissement lui-même.

Le micro-crédit n'est pas, par ailleurs, véritablement situé sur la perspective d'un choc mais agit davantage sur un raisonnement « occidental » d'augmentation de la propension à investir ou d'accès au crédit. La progression n'est donc pas perçue comme un changement définitif de chemin de croissance et reste dans la perspective d'une trajectoire continue.

Le micro-crédit est également moral, puisque l'individu doit rembourser et que ce remboursement pèse lourdement sur plusieurs années sur la vie de l'entrepreneur : l'achat d'une chèvre à crédit ou d'un métier à tisser, ne permettra pleinement de porter ses fruits que longtemps après leur acquisition, une fois la dépense amortie comptablement.

La création d'un choc positif peut difficilement s'inspirer de modèles occidentaux ou de morale car il ne s'agit pas ici de considérer que donner de l'argent à l'individu sans contrepartie créerait des précédents et de mauvaises habitudes d'assistanat.

Le choc positif élimine aussi du raisonnement l'idée que le producteur augmente sa propension à investir et donc qu'il épargne au préalable par un comportement adéquat de fourmi.

Le choc positif est pourtant dans toute création d'entreprise puisqu'il n'y a pas tout à coup une épargne qui surgit de nulle part pour investir. En effet, avant d'être producteur, l'individu n'est rien d'autre qu'un consommateur, même s'il met quelques économies de côté. Lorsqu'il passe sous le statut producteur, il donne du jour au lendemain à ce producteur, lui-même, un capital de départ, parce qu'entre autres il décide de faire confiance à lui-même.

Quel est le poids de cette épargne qu'il a mise dans l'affaire ? Ce peut être rien du tout. Car à vrai dire le producteur n'a pas d'autre choix que d'investir dans sa propre survie. Le choc survient lorsqu'il est contraint à l'âge adulte de subvenir à ses besoins et à ceux de la cellule familiale qu'il construit.

Il n'est pas non plus motivé par un calcul keynésien d'anticipation dans un monde d'incertitude. Il déploie tous ses efforts pour subvenir, au quotidien, à ses besoins. Les anticipations du producteur, même si tout à coup elles s'avèrent excellentes, ne modifient pas brutalement la trajectoire du producteur.

Le choc est donc largement tributaire de modalités externes. Pour un choc négatif on le comprend aisément. Pour un choc positif, il faut pousser un peu plus loin la réflexion.

Le choc positif est rare

Le premier choc survient à l'âge où le producteur démarre, en tant que tel, son existence. Il y a, dans toute existence, un « avant » et un « après », un passage entre le moment où l'individu est entièrement tributaire de la cellule familiale pour sa survie et le moment où il commence à produire des biens ou des services. C'est généralement un choc, y compris dans les pays développés dans la mesure où il n'existe que rarement une continuité. C'est plus vraisemblablement le cas dans les pays occidentaux où un individu démarre dans un emploi salarié avec un contrat de travail et une date d'embauche pour des journées complètes. Des situations de stage ou de temps partiel ne suppriment pas complètement la notion de rupture entre le non-travail et le travail. Il s'agit donc d'un choc positif car du jour au lendemain, le producteur en partant de rien devient producteur.

D'autres cas de figure se produisent au cours de la vie. Des alliances heureuses sur le plan financier peuvent permettre de franchir des seuils. Des légendes d'entrepreneurs se sont ainsi forgées au XIXe siècle en Occident. C'est le cas de la famille Mille. Un individu, contremaître dans une entreprise d'orfèvrerie a épousé la fille du patron et s'est ainsi forgé sa propre légende d'un homme devant son ascension sociale à son seul labeur, en partant de rien.

Des enrichissements spectaculaires peuvent aussi intervenir dans des situations moins morales telles que l'assujettissement d'individus dans des activités répréhensibles (probablement 10% du PIB mondial dans la prostitution, la drogue, le racket, la corruption, les commerces non déclarés). Il s'agit alors de contrats et d'alliances tacites qui permettent par des procédés mafieux de sortir des individus de la misère. Le bénéficiaire de ce choc positif est alors amené à produire des services hors du champ social accepté, dans un gang par exemple, ce qui n'empêche pas de mener par ailleurs une vie sociale de consommateur ordinaire et de nourrir une famille, voire de revenir ultérieurement à une situation moralement présentable.

Autre aspect du choc positif : il change la vie d'un individu, en lui permettant de changer son niveau de production de bien ou de services. Ce point est plus important qu'on ne pourrait l'imaginer. En effet, il n'est pas évident qu'un individu veuille changer sa trajectoire de production. Le changement de statut peut faire peur : susciter des jalousies parmi les personnes ayant un statut inférieur dans une famille, un village, créer des rivalités avec les riches qui ne voient pas d'un bon œil un « parvenu ». Le maintien d'un *statu quo* peut alors apparaître préférable dans un environnement fermé.

Le choc positif est lié étroitement à l'organisation sociale et à la compréhension, par ses participants, des relations économiques de leur collectivité dotée de moyens.

Il n'existe pas véritablement de réponse sur l'inégalité entre les hommes. Des pauvres et des riches extrêmes coexistent sans que l'on comprenne réellement le mécanisme à l'œuvre. Dans la famille des mammifères, l'être humain serait le seul à organiser la pauvreté à côté de la richesse. Ce serait une réponse au besoin de différenciation des fonctions sociales. Par conséquent « sortir » des individus de la misère grâce à des chocs n'est pas seulement une action isolée sur une personne. Cette modification, si elle touche effectivement un producteur, concerne aussi une collectivité : est-ce que celle-ci ne fait que subir la pauvreté – ce qui est une évidence de prime abord – ou au contraire est-elle indispensable à un fonctionnement d'ensemble. Un travail de déconstruction – pour reprendre le terme de Jacques Derrida (Derrida 1967) – est donc indispensable pour comprendre cette opposition riche/pauvre. Une autre façon de poser le problème est de se demander si tout le monde peut être pauvre dans une société, ou si tout le monde peut être riche. Autre façon encore de poser la question : est-ce qu'un individu qui subit un choc positif et passe donc – en simplifiant la situation - du statut de pauvre à celui de riche, peut accepter facilement l'idée que d'autres s'enrichissent également à ses côtés. Est-ce qu'une fois son changement de position sociale obtenu, il n'aura pas envie de créer ou de maintenir un *statu quo* inégalitaire par crainte de perdre sa position nouvellement acquise.

L'organisation sociale est très liée à la façon dont se pense la collectivité elle-même, ce qu'elle peut espérer, ce qu'elle peut améliorer. Dès lors qu'une société bénéficie d'exemples qui lui semblent mieux fonctionner, alors les individus sont prêts à expérimenter des modes de fonctionnement nouveaux.

Ainsi la pauvreté extrême est probablement liée au stress des plus riches qui éprouvent la crainte de tout perdre et refuseront toujours de partager, et à la paralysie des plus démunis qui ne voient pas l'ombre d'un début de solution à leur misère.

L'absence de solidarité collective est probablement liée également à une quasi-absence de chocs positifs pour permettre à la société tout entière d'envisager une évolution. Les plus riches ont trop peur de tout perdre s'ils laissent faire et cherchent donc à maîtriser la collectivité par le biais de la justice, la police, l'armée, l'éducation, l'économie… voire l'instauration d'une dictature. Le progrès technique a sans aucun doute été une réponse à ces inégalités et il a favorisé la solidarité par le biais du marché : les plus riches en occident n'ont pas fait barrage à ce que les plus démunis puissent faire l'acquisition d'appareils électroménagers. Pourtant l'émergence de ces appareils constitue un ensemble de chocs positifs dans l'organisation de la cellule familiale et notamment la femme a, en général, été la première bénéficiaire de ces instruments qui ont contribué à épargner son temps.

Des chocs positifs rarissimes peuvent donc favoriser la création des écarts entre riches « en devenir » et pauvres qui en seront exclus.

Des chocs positifs plus fréquents permettent d'imaginer que tout le monde peut avoir une chance. Et, dès lors, les chocs positifs peuvent générer à l'inverse un autre mode de pensée favorisant la solidarité collective. Une forme de confiance dans le changement se crée à l'intérieur des structures.

Mais si une société peut se penser différemment par une réflexion collective, le choc positif est également lié à l'intérêt collectif : c'est l'invention collective d'un ensemble de réponses individuelles en vue d'un changement d'organisation.

Ceci nous amène à concevoir que le choc positif n'est pas le fruit du hasard.

Description d'un choc positif

Pour créer un choc positif, il convient tout d'abord pour l'individu d'être mis en relation avec une opportunité intellectuelle d'un dépassement de son organisation : il peut s'agir de la mise en contact avec des nouvelles technologies, d'une formation technique permettant de mieux maîtriser le réel – par exemple avoir connaissance d'une nouvelle technique de culture ou de pêche ou de transport. Cette mise en relation avec un « dépassement » va avoir tendance à provoquer une « évidence critique » c'est-à-dire que peu à peu cette nouvelle technologie ou cette nouvelle compréhension de la réalité va devenir une évidence et va aboutir à la critique de la situation antérieure.

Aujourd'hui, avec l'existence sur la planète de probablement 10 millions de chercheurs environ (Unesco août 2011), les chances de mises en relation avec de nouvelles technologies ou une nouvelle compréhension du monde se multiplient et permettent d'envisager un « ailleurs ».

La mise en relation avec des opportunités nouvelles va faire émerger progressivement des valeurs nouvelles qui vont elles-mêmes entraîner des besoins et une volonté nouvelle d'accession à une nouvelle technologie ou organisation. Ces valeurs nouvelles vont supplanter des croyances plus anciennes. Par exemple, la guérison annoncée de la sclérose en plaques ou de la guérison de liaisons nerveuses permettant aux paralytiques de marcher va pousser des croyants chrétiens à modifier leur perception de leur religion. Il sera en effet plus « rentable » d'aller se soigner à l'hôpital que d'attendre un miracle à Lourdes. Les chocs positifs entraînent donc nécessairement une remise en cause de rites et d'ordre.

Il en va de même en économie, où les croyances et les convictions profondes jouent un rôle considérable. Les idées, les analyses économiques débouchant sur l'économie politique ont jalonné le développement occidental de ces derniers siècles. Il est notable de constater que les auteurs dans l'histoire de la pensée économique se sont considérablement renouvelés à partir de l'ère des physiocrates. Ce sont essentiellement des chocs économiques positifs qui ont été conjoints à l'émergence d'auteurs. L'histoire de la pensée économique s'est très peu construite par exemple sur la période sanglante des Croisades au XIIe siècle ou sur la période de la Grande Peste au milieu du XIVe siècle. Ces chocs négatifs sur le plan économique, en réduisant l'activité de production n'ont que peu suscité de réflexion par exemple sur la propriété… Pourtant la Grande Peste a réduit d'un tiers la population européenne, libérant de gigantesques surfaces cultivables.

Si cette affirmation est vraie, alors la profusion de travaux économiques de ces dernières décennies permettrait un très grand optimisme sur l'évolution de la planète. Même les travaux économiques les plus pessimistes qui seraient particulièrement malthusiens, par exemple, en dramatisant l'augmentation de la population sur la planète, finalement pourraient être le signe d'une abondance de recherche, et donc de remise en cause de certitudes établies. Le propos n'est pas de forger une vérité sur l'évolution de la population planétaire, on l'aura compris, mais simplement d'affirmer que le plus grand nombre d'économistes peut être désormais mis en contact avec des travaux nouveaux, des affirmations nouvelles, lesquelles vont à leur tour susciter des approches différentes et remettre en cause des politiques économiques.

Les fondements du choc positif

Le choc positif ne ressemble donc pas à l'inverse d'un choc négatif. Le choc négatif peut être le fruit d'une malédiction – une invasion de sauterelles – qui s'analysera parfois comme un geste négatif des dieux, relevant donc du Sacré, tandis que le choc positif ne peut pas être une bénédiction des Dieux. Même si tous les agriculteurs de la planète se réjouissent de bonnes récoltes, il faut en effet admettre, *a minima*, que la pluie et le beau temps ou plus généralement des conditions météorologiques favorables relèvent de la normalité, sinon l'agriculteur n'aurait jamais parié sur les potentialités de son lopin de terre. Une bonne récolte sera éventuellement l'occasion de remercier le/les dieux, mais ne suffit pas à constituer un choc économique.

Ainsi, il convient d'analyser le choc positif comme conjoint à des éléments de pensée ou d'organisation nouveaux.

On peut donc rechercher du côté de la rhétorique du développement des arguments pour justifier les chocs positifs dont il suffirait dès lors de marteler les bienfaits pour changer les courbes de croissance. Là également, la déception peut être à la hauteur des attentes.

Si le choc positif relève cependant de la rhétorique, on peut l'analyser dans la pure tradition aristotélicienne par l'ethos, le logos et le pathos.

Par le biais de l'argumentation Il y aurait en quelque sorte **une prise de conscience** à la fois individuelle et collective pour dire :

- 1. « *il faut qu'on se sorte de là* »/ « *il faut que je me sorte de là* »
- 2. « *on peut le faire* »/ « *je peux le faire* »

Ces deux affirmations créent le préalable au choc positif, si l'on veut bien poursuivre sur l'idée que le choc positif n'est pas le fruit du hasard.

La première affirmation – « *il faut qu'on (/je) se (/me) sorte de là* » – renvoie à une prise de conscience d'un état et/ou renvoie à un état comparatif. Nous sommes dans le domaine de **l'èthos qui signifie la disposition psychique**. La langue grecque ancienne a également un mot très proche dans l'écriture mais différent dans le sens, l'éthos (avec un accent aigu sur le « é ») qui signifie la coutume, la tradition.

Roland Barthes a rapproché l'èthos de l'émetteur du message (Barthes 1964). Mais c'est plus généralement l'état d'esprit, ce sont les dispositions morales d'une personne, d'une communauté, d'un peuple. Donc l'èthos concerne aussi bien l'émetteur d'un message sur le développement que le récepteur.

La prise de conscience d'un état ne peut avoir lieu que si l'individu a connaissance de quelque chose de différent : l'agriculteur sahélien peut écouter le récit d'un voyageur qui parle d'un Eden, mais l'agro-industrie peut rester pour lui toute sa vie durant un mystère, un ailleurs trop lointain. La répétition de récits à propos des cieux plus cléments ne peut rien changer à sa situation. En revanche la multiplication de récits de voyageurs sur le drainage, les engrais, la culture sous serre, etc. peut finir par remettre en cause le capital social ou une relation de fatalité à la nature. Et sa disposition psychique peut finir par changer. Elle est le fruit de la **mise en contact de connaissances différentes**.

L'èthos implique très certainement une mise en phase des valeurs morales entre personnes et cette mise en phase est en lien avec les états d'âme, les dispositions psychiques. Ainsi, il paraît assez peu vraisemblable qu'une organisation sociale très structurée – avec de nombreux rites – puisse recevoir des messages de développement économique de la part d'un « étranger », au sens de quelqu'un d'étrange.

Si la rhétorique était l'arme unique des acteurs du développement, il serait très difficilement envisageable de changer une situation.

La deuxième affirmation – *« on (/je) peut (/x) le faire »* renvoie à une situation de construction de la confiance : *j'ai confiance en moi, je construis ma confiance dans la collectivité.*

Cette affirmation, toujours dans le domaine de la rhétorique, renvoie plus classiquement au « logos ». Il s'agit en effet d'un **travail d'argumentation personnelle** – se convaincre soi-même en se construisant – et d'argumentation collective : la communauté se pense elle-même en intégrant des données nouvelles. Il s'agit d'un travail de raison et de démonstration.

La confiance en soi est très variable d'un individu à l'autre. N'allons pas plus loin pour en rechercher les origines. Elle est cependant un des piliers de l'évolution et de la possibilité d'émergence de chocs positifs.

En raisonnant de façon personnelle, l'individu met en perspective le flot d'informations interpersonnelles qu'il reçoit de ses proches, mais également les flux divers : radio, télévision, internet, papier, livres, publicité. Il intègre également les données nouvelles qu'il perçoit visuellement : un nouvel appareil qu'il peut prendre en main comme par exemple un téléphone portable que son voisin lui fait découvrir. Il se fait ainsi une philosophie personnelle en fonction de ses besoins, de la qualité des informations qu'il a reçues, de sa disposition à les découvrir.

L'individu fait également l'objet d'une pression sociale de la collectivité qui lui donne une tendance : est-ce que ma communauté dans laquelle je vis accepte tel ou tel changement ? tel ou tel raisonnement ? Telle ou telle explication du monde ? Quelles sont également les préoccupations de ma communauté, qui deviennent forcément les miennes sous peine d'exclusion ?

Les interactions ont ainsi une grande influence sur les chocs potentiels. La mise en relation avec des innovations a fortement progressé et elle permet d'envisager des chocs positifs beaucoup plus rapidement. On peut dire que l'individu a acquis en quelques générations une aptitude à intégrer le progrès technique. Sans rechercher bien loin les causes, on peut comprendre que d'une part le nombre de chercheurs dans le monde – probablement 10 millions d'individus - augmente considérablement le nombre d'innovations industrielles et le déploiement mondial des réseaux de communication transforme totalement les opportunités de contact au quotidien. C'est la raison pour laquelle, les innovations se développent au niveau mondial de plus en plus rapidement : le GPS s'est implanté beaucoup plus vite que le minitel, 20 ans auparavant, par exemple. L'individu devient en quelque sorte plus réactif, plus communicant et malgré les apparences, les sociétés les plus figées évoluent.

De façon naturelle, on peut dire aujourd'hui que l'individu est, d'un point de vue psychologique, ouvert au choc positif. L'émergence fulgurante du téléphone portable dans les pays en développement en est la preuve la plus visible.

Il reste cependant un déclic non négligeable dans la rhétorique : le pathos. Rien ne se fait sans un minimum d'empathie. En d'autres termes, il est **nécessaire que l'innovation qui crée le choc positif puisse apporter de l'« émotion ».** L'émotion est un raccourci du raisonnement (Damasio 1999 ; Goleman 2003).

Cette émotion également permettra à un individu d'accorder ou non sa confiance. Cette émotion se traduit par des réactions qui prennent différentes connotations : intuition, feeling, empathie… Autant de termes qui traduisent une décision sous-jacente : le flot continu de stimuli d'information a un impact considérable sur les émotions : une chose détestable peut rapidement devenir agréable en fonction de la pression des informations.

Ces émotions et cette confiance que l'on va accorder à tel ou tel interlocuteur ne sont qu'un élément de court terme et de moyen terme de la relation. Le feeling avec un individu crée rapidement des liens et permet de gagner un temps utile d'adaptation. La confiance se bâtit davantage sur du moyen terme à partir des premiers signes d'échanges. Mais **le moteur silencieux des relations reste fondamentalement l'intérêt personnel.**

Pourquoi cet intérêt ne perce pas rapidement dans les comportements ?

De nombreux éléments interviennent dans l'expérience personnelle de l'individu. Spontanément un enfant exprime rapidement son intérêt et le défend à travers ses jouets par exemple. A l'âge adulte, des stratégies plus complexes, prenant en compte des négociations, sont à l'œuvre. Nous pouvons citer au moins trois raisons majeures qui vont influencer le comportement

1. Les situations de danger

L'expérience du danger contribue à la création de rites sociaux, lesquels eux-mêmes vont contribuer à figer une société. Une communauté bien établie, au contact direct avec la guerre ou la famine, développe des mécanismes d'assurance collective à travers les rituels (Van Gennep 1933). Les croyances deviennent plus fortes aux moments de mutations. Elles peuvent aller radicalement à l'encontre de l'intérêt personnel. C'est le cas par exemple à travers les « sacrifices » exigés par la collectivité, allant jusqu'à la négation de l'individu, ou sa mise à mort. L'onde de choc d'un rituel peut se maintenir durant de nombreuses générations.

2. L'apprentissage

L'expérience humaine est aussi une lente accumulation de connaissances, validées par l'idée que ces connaissances sont crédibles : *pour me soigner d'une fièvre, j'expérimente telle décoction de plantes, je constate une baisse de la fièvre, j'intègre donc cette décoction dans ma pharmacopée. Si cette décoction est présentée par une personne qui a déjà cette connaissance et que cette personne m'a déjà soigné, alors j'intègre plus facilement cette décoction dans la somme de mes savoirs.*

Cependant, cette décoction peut aller à l'encontre de mes intérêts. L'être humain procède par essais/erreurs. Donc cette décoction peut tout simplement avoir un effet placebo et sa consommation peut tout simplement avoir juste été concomitante avec la baisse de la fièvre. Donc la fois suivante, elle peut ne pas fonctionner… et induire en erreur, voire entraver l'usage d'une bonne thérapie.

En fonction donc des mises en contact avec un univers de connaissance, l'individu est plus ou moins outillé pour continuer à œuvrer à son intérêt personnel.

3. L'expérience de l'altérité

L'une des principaux atouts de l'homme est la capacité de son cerveau à classer les expériences, à les mémoriser et à les retrouver : le chaud le froid, le jour, la nuit… il adapte son comportement en fonction des données qu'il observe. Mais, à ces observations, s'ajoute une capacité à les transmettre et donc à générer des influences réciproques entre individus. « L'autre » peut considérablement influencer le classement mémoriel personnel. Cette influence accélère l'accumulation des connaissances, et peut aussi par une forte pression psychologique ou sociale, anéantir des modèles de classement. Ainsi, la répétition de modèles par une collectivité constituant le seul environnement d'un individu, ou l'environnement jugé le plus adapté par l'individu, transforme la perception naturelle de ses intérêts. L'individu peut même rechercher la mise en relation avec des environnements jugés favorablement, même s'ils ne le sont en rien. Un enfant battu peut ainsi intuitivement rechercher à l'âge adulte un conjoint violent et rester dans les mêmes schémas de classement. Celui qui donne de l'affection peut se retrouver nécessairement associé à un comportement violent. C'est ainsi qu'un individu qui a connu une enfance malheureuse peut ne pas avoir de « chance » à l'âge adulte. Seule la confrontation avec de multiples modèles peut modifier la perception et indiquer que celui qui donne de l'affection n'est pas nécessairement violent.

En modélisant les intérêts on peut arriver aux conclusions suivantes, classiques en psychologie sociale :

- plus un individu est perçu de façon positive et plus il a d'influence,
- plus une société est perçue de façon positive et plus elle a d'influence,
- **plus l'intérêt perçu est positif et plus vite il est adopté**,

- plus l'écart dans le développement entre deux individus est perçu et plus rapidement une innovation est adoptée,
- plus l'individu est « neuf », et plus il peut prétendre influencer un interlocuteur,
- plus un individu a d'autorité sur un groupe et plus il peut imposer,
- plus un individu est proche d'un autre et moins il influence les idées.

En poursuivant son intérêt personnel, un individu va se montrer suffisamment perméable à l'innovation et au développement économique, en particulier il acceptera d'être acteur d'un choc positif. Une condition majeure reste cependant la pression plus ou moins forte et contradictoire de la collectivité face à cette volonté de développement personnel.

La pression collective prend différentes formes :

- juridique,
- institutionnelle,
- policière,
- religieuse,
- économique (la collectivité peut affamer un individu),
- financière.

L'environnement se doit donc d'être favorable au choc positif. Ce qui est très rarement le cas.

Sans passer en revue les différentes formes de pressions collectives ou de contraintes collectives, on peut par exemple citer la forme juridique :

- la contrainte du sol et de la propriété sont évidemment déterminantes et prédictives des comportements.
- la contrainte du temps que coûte le droit est également à prendre en compte : la prison, le bagne, par exemple sont une perte de temps, un temps non productif, mais au-delà les différentes barrières juridiques et les situations administratives de rente sont autant de poids qui viennent ralentir ou rendre plus difficiles les chocs positifs.

Sur un plan plus institutionnel, on peut citer l'impact du notaire. Le notaire en France dispose d'une charge publique et constitue un élément incontournable de la propriété. Il est difficile d'imaginer s'en passer et les meilleures analyses sur le notaire ont longtemps été celle d'Ezra Suleiman (Suleiman 1987 ; Coq and Lèguevaque 2011). En réalité le notaire est une spécificité inutile : il manipule des symboles tels que l'« acte authentique » dont il se prévaut. En fait il rédige des actes juridiques comme n'importe quel juriste. Mais symboliquement, il parvient à faire venir chez lui un vendeur et un acheteur pour concrétiser par une signature un « acte authentique ». L'acheteur et le vendeur ont alors l'impression que leur signature apposée au bas d'un document est bénie par le notaire comme un mariage peut l'être...

Hernando de Soto, de son côté, a mis l'accent sur l'importance de la propriété dans le développement économique et a su montrer à quel point de lourdes règles pénalisaient le développement (Soto 2005).

Evidemment, la somme des intérêts privés ne fait pas l'intérêt collectif. C'est un premier constat : si un individu installe au milieu de la savane un péage douanier et rançonne pour son compte les véhicules, il sert ses intérêts personnels mais pas ceux de la collectivité dont il freine le passage et sur laquelle il prélève une rente. En créant un péage, il travaille évidemment car il faut mettre en place une barrière, s'approvisionner en armes et en munitions, rémunérer des appuis locaux. Et bien sûr, il faut faire acte de présence. Une meilleure organisation permettra éventuellement de sous-traiter la mission de rançonnage des véhicules de passage, auquel cas, l'individu pourra créer différents points de péage.

En conclusion sur le thème de la rhétorique, le choc positif nécessite trois étapes :

- **Une mise en contact**. Le développement prodigieux des 30 dernières années en termes de réseaux de communication explique une partie des actuelles courbes de croissance des pays en développement.
- **L'aide au raisonnement** : il faut pouvoir expliquer.
- **L'empathie**.

Les impossibles chocs positifs

Les chocs positifs dans une économie primitive ne surviennent quasiment jamais : les rendements de la terre ne sont pas multipliés par deux du jour au lendemain, un troupeau de zébus n'arrive pas miraculeusement chez un éleveur, etc.

En revanche, des chocs positifs semblent possibles lors du contact d'une économie primitive avec une économie développée, au point qu'une économie primitive peut rapidement se développer et rejoindre une économie avancée.

L'explication réside dans le fait que chaque individu recherche avant tout son intérêt et qu'il procède en permanence à des arbitrages, des calculs économiques qui le font choisir

- une durée de travail,
- des outils,
- une organisation,
- des partenaires,
- des types de culture,
- des types d'élevage.

L'individu, s'il perçoit rapidement son intérêt peut évoluer rapidement comme nous l'avons déjà vu avec l'aventure du téléphone mobile dans les pays en développement.

A travers le monde, de multiples expérimentations démontrent la capacité d'évolution de populations locales grâce à des innovations. Par exemple, des panneaux solaires peuvent changer la vie de communautés entières pourtant loin de tout progrès, des communautés qui peuvent elles-mêmes se former rapidement aux techniques de l'ingénieur et produire des éléments de haute technologie, contre toute attente.

La grande différence avec les chocs négatifs réside dans le fait que ces chocs ne sont pas naturels, ils ne surviennent pas en fonction par exemple de la dureté du climat. Le choc positif est une approche volontaire.

La conjecture des chocs positifs

Un choc positif peut se définir comme un outil de croissance pour permettre de franchir des seuils et ouvrir la trappe de la pauvreté.

D'où cette conjecture :

Les chocs positifs structurent la croissance des pays en développement et constituent l'élément déterminant de la croissance primitive, qui suit le don ou le capital primitif.

Autant un choc négatif va structurer la descente d'un individu, autant un choc positif peut permettre de changer la trajectoire d'un individu. Un choc positif affecte d'abord et avant tout le petit producteur à titre personnel, plus qu'une communauté, même si intellectuellement des aides semblent plus satisfaisantes pour aider une collectivité : l'individu voit d'abord son intérêt personnel.

Nous reviendrons sur les chocs négatifs et positifs, mais d'ores et déjà, il apparaît que les chocs positifs peuvent apparaître désormais très rapidement. La mise en œuvre industrielle de techniques nouvelles est largement intégrée dans les économies non développées qui ont automatisé fortement les process durant les dernières décennies. De ce fait un produit relativement innovant comme le panneau solaire ou la chambre froide solaire va pouvoir s'implanter massivement et s'intégrer très rapidement au sein d'une population complètement illettrée.

Dans le cas qui nous occupe, un choc positif majeur peut être créé chez un petit producteur qui va commencer à intégrer la chaîne du froid dans sa production et de ce fait va également pouvoir intégrer la gestion des stocks de produits frais.

Les comportements : la propriété pour stocker

Le manque de moyens pour faire face aux aléas du quotidien comme aux accidents de la vie génère des comportements que l'on pourrait assimiler à des calculs rationnels de risques et d'incertitude. Le risque et l'incertitude ont été largement débattus, notamment par Keynes : le risque est probabilisable, alors que l'incertitude ne l'est pas. Or un producteur parmi les plus démunis doit intégrer – et intègre plus ou moins consciemment – ces deux notions. Il prend des risques par exemple en réorientant son élevage ou sa production et il intègre l'incertain parfaitement imprévisible : une sécheresse, un conflit ethnique…

Cependant une question se pose qui n'a pas été abordée : est-ce que l'incertain est du même niveau pour un producteur d'un pays en développement qu'un individu dans un pays développé ? Instinctivement, il est possible de répondre par la négative. Mais comment caractériser cette différence ?

Deuxième série de questions : est-ce que le risque se prend de la même façon quand on est riche que lorsque l'on est pauvre ? Stefan Dercon a apporté une réponse utile à ce deuxième volet, nous y reviendrons (Dercon 2006/4).

Pour ce qui est de l'incertitude, il faut comprendre en quoi elle peut influencer le comportement et à quel niveau. L'être humain présente cette caractéristique d'avoir défini des symboles extrêmement forts pour organiser sa vie sociale, ces symboles sont d'abord et avant tout d'ordre économique : il a ainsi développé le symbole de l'échange social à travers la monnaie qui représente une valeur accordée au travail de quelqu'un. Ce travail organise la vie collective : *je vais chasser un gibier, en échange tu vas le cuire* et chacun apporte ainsi sa contribution aux interactions sociales et facilite l'existence.

En creusant un peu plus, nous pourrions **assimiler la monnaie à une réserve d'énergie** car toute l'évolution de l'espèce humaine est liée à la maîtrise de l'énergie. Il faut pour cela avoir présent à l'esprit que la culture de céréales par exemple est une accumulation d'énergie solaire par les plantes, énergie qui est restituée ensuite pour alimenter le corps humain. La notion de valeur énergétique est bien plus intéressante et plus porteuse de signification que la valeur travail.

Ainsi l'agriculteur, en cultivant un territoire, fait preuve d'une capacité à maîtriser l'énergie ou plus précisément la bioénergétique cellulaire. Les rendements sont assimilables à une capacité d'accumulation de réserves énergétiques. Un silo à grain doit être vu comme une réserve d'énergie au même titre qu'une batterie automobile. L'avantage de cette approche est que, d'une part, elle est très réaliste car effectivement la biochimie cellulaire est une explication de l'organisation de la vie au niveau le plus restreint de l'activité et cette explication se traduit par des unités de mesure physiques, les joules (Bernard 2002)[1]. Les joules sont des calories. Ils permettent de mesurer aussi bien l'énergie que la quantité de travail mécanique ou encore la chaleur. Cette approche présente également l'avantage de sortir du débat valeur travail/valeur utilité qui reste inopérant pour sortir les économies les moins avancées du sous-développement : même sans exploitation de l'homme par l'homme, le travail solitaire d'un agriculteur d'un pays en développement aura toujours moins de valeur que celui d'un travailleur « exploité » dans un pays développé. Et ne donner de la valeur qu'au travail utile revient à ne jamais nourrir ceux qui ne sont pas compétitifs.

Autre symbole fort qui s'est particulièrement développé avec l'écriture : la notion de propriété. A l'origine, la propriété est un territoire qui s'étend sur deux niveaux : le lieu de chasse et de cueillette. Il se transforme par la suite en espace cultivé, et le lieu de résidence qui est d'abord et avant tout un lieu de réserve, en dehors de sa fonction de protection : réserve de vêtements, réserve de nourriture,

[1] 1 calorie équivaut à 4,19 joules. Le joule est le travail d'une force d'un Newton dont le point d'application se déplace d'un mètre. C'est aussi le travail fourni par un circuit électrique pour faire circuler un courant d'un ampère à travers une résistance d'un ohm pendant une seconde, c'est une puissance de 1 watt pendant une seconde. L'avantage ici est de pouvoir mettre sur le même plan l'alimentation, son stockage et la connaissance usuelle de l'énergie d'une ligne à haute tension ou d'une voiture.

réserve d'outils… A l'origine du patrimoine, se trouve donc un besoin de stocker les aliments que l'on cultive et la propriété est le simple prolongement de soi – prendre les ressources énergétiques d'un lieu pour pouvoir se nourrir et donc survivre - …Mais l'existence d'un être humain signifie aussi la prise d'une place, au sens propre et figuré, donc crée nécessairement une gêne pour les autres et déclenche des rivalités, d'où le statut contesté de la propriété. Un exemple contemporain pourrait être par exemple en ce moment les millions d'hectares de terres arables africaines achetées massivement par des acteurs étrangers (pays arabes, Chine, Europe…) pour assurer la sécurité alimentaire d'autres que les habitants autochtones (Anseeuw, Wily et al. 2012).

Les symboles de la monnaie ou de la propriété trouvent leur traduction concrète dans des matériaux papier ou de plus en plus électroniques, mais également bien sûr à travers une armature d'Etat : justice, armée, police qui caractérisent ou vérifient le respect de ces symboles, au niveau d'une nation et de plus en plus au niveau planétaire.

En revenant à la notion de base d'énergie contenue dans la monnaie et dans le titre de propriété, il est intéressant de considérer que l'être humain a besoin tout à la fois de consommer au quotidien de l'énergie – ce qu'apporte un revenu à travers une monnaie – et il a besoin de stocker cette énergie en prévision de besoins futurs – ce qu'apporte un patrimoine à travers des titres de propriété.

La « secousse » d'une intervention de l'Etat

La vulnérabilité dès lors s'explique plus facilement : un être vulnérable n'a rien d'autre que des ressources énergétiques immédiates. La liaison avec un patrimoine qui lui permettrait de voir venir les temps difficiles est le point délicat : c'est ce que Marx appelle l'accumulation primitive du capital.

Le petit producteur malien, le pêcheur des plages mauritaniennes ne peuvent aller au-delà de cette simple immédiateté.

L'expérience montre une particularité dans l'accumulation du patrimoine : une fois qu'un processus d'accumulation est enclenché, il peut s'amplifier. Il faut pour cela que l'individu puisse bénéficier d'une chance historique de recevoir opportunément un patrimoine : un héritage, la fortune d'une guerre gagnée, la chance de vivre au bon emplacement…

Dans l'activité économique, l'élément déclencheur le plus facile à mettre en œuvre est le don individuel ou collectif. Le don individuel est un peu comme la chance : celui qui en bénéficie le doit au hasard et donc le don est fortement emprunt d'incertitude. Une organisation collective peut parfois encourager le don individuel. L'exemple d'une société comme Google est instructif du poids d'un don : un milliardaire américain a permis à la société Google de franchir une étape cruciale à son décollage en accordant un don d'un million d'euros pour assurer la continuité de l'entreprise au pire moment du démarrage (Vise and Malseed 2006). L'organisation collective est cependant la mieux à même de répartir équitablement les « chances historiques » des individus.

En mathématique et en cinétique, cette notion s'appelle une « secousse », c'est-à-dire la dérivée troisième d'une fonction, f'''(x), lorsqu'elle est positive : c'est l'accélération de l'accélération. Or, cette donnée dans une fonction de production n'est jamais prise en compte. Prenons une fonction néo-classique, celle de Cobb-Douglas, décrite à juste titre comme une fonction *ad hoc* (Jones 1999) et reprenons le raisonnement sur la production.

L'erreur de Cobb-Douglas est de n'avoir fait que décrire une situation – et donc d'avoir créé une fonction mathématique, $P(L,K) = bL^{\alpha}.K^{1-\alpha}$, adaptée aux besoins (d'où le qualificatif *ad hoc*) – avec grosso modo $\alpha = ¼$ et $1- \alpha = ¾$

Reprenons le raisonnement précédemment évoqué :

Au départ, le produit du paysan est Y_0

$Y_o = \omega L + rK$: le paysan ne peut pas s'en sortir. La situation, au mieux, est étale et donc la vulnérabilité est maximale.

On peut perfectionner la fonction et parvenir à un lent décollage, mais le moindre choc négatif réduira à néant parfois des années d'efforts.

Stefan Dercon le montre bien en analysant les chocs graves en Ethiopie rurale (1999-2004) Dans les chiffres qui suivent, obtenus sur une base déclarative, 95% des ménages interrogés ont subi un choc grave sur cette période de 5 années :

- Sécheresse : 46.8%
- Mort du chef de ménage, de l'époux ou d'une autre personne : 42.7 %
- Maladie du chef de ménage, de l'époux ou d'une autre personne : 28.1 %
- Incapacité à vendre la production ou chute du prix des produits : 14.5%

- Animaux ou maladies affectant les cultures : 13.8%
- Criminalité : 12.7%
- Difficultés à obtenir des intrants ou hausse du prix des intrants : 11.3%
- Mesures ou chocs politiques (redistribution de la terre, confiscation des actifs par l'Etat, repeuplement, contributions forcées ou taxes arbitraires) : 7.4%
- Animaux ou maladies affectant le bétail : 7%

Il faut donc plus qu'une simple aide de l'Etat, une véritable secousse : $Y_1 + K_g$

Avec cette nouvelle configuration, le petit exploitant reçoit un investissement de l'Etat, (l'Etat ne l'aide pas mais investit chez cet agriculteur pour son propre avenir en espérant récolter davantage d'impôts).

Cet investissement financé par l'Etat, K_g, peut prendre par exemple la forme d'un petit entrepôt de produits frais. Les revenus du petit producteur peuvent alors changer : $Y_1 + K_g = wL + rK + vE$

En effet avec cette « secousse » au sens mathématique du terme, cette « accélération d'accélération » permet enfin au petit producteur d'espérer pouvoir s'organiser et donc devenir véritablement entrepreneur : sa rémunération d'entrepreneur est alors : vE.

Cette rémunération est différente de la rémunération du travail L et du capital K c'est grâce à son petit entrepôt qu'il peut commencer à dégager des surplus significatifs. Avec vE, il peut faire un autre métier qui est celui d'entreprendre : organiser une combinaison productive d'un travail manuel qui ne sera plus seulement le sien et un capital qui ne sera pas uniquement un cheptel aléatoire.

Avec un choc positif, l'entreprise acquiert une véritable valeur et dès lors permet au producteur l'accès à l'intermédiation financière.

Pour Stefan Dercon, l'élément central de l'analyse relève de la capacité à pouvoir proposer une assurance contre les causes de vulnérabilité. Mais une assurance doit pouvoir s'appuyer sur un actif. Tant que cet actif n'est pas présent, l'individu est dans l'incapacité d'apporter une contrepartie : l'épargne ou le micro-crédit. Encore faut-il être en capacité d'épargner ou de rembourser un micro-crédit.

Reprenons l'équation de départ : le producteur enregistre des pertes initialement considérables : 30 à 40 % de sa production de mangues par exemple au Kenya est perdue faute de moyens de conservation (Grolleaud 2002). Tout le monde récolte en même temps et les moyens de transport insuffisants sont surexploités pendant la courte période de récolte.

Donc l'équation $Y_0 = \omega L + rK$
Doit s'écrire en réalité : $Y_{optimale} = \omega L + rK + Ab$

Ab représente 30 à 40% des pertes en production, la production « abandonnée ».

Ainsi pour mieux chiffrer la production on peut en reprenant les proportions de Cobb-douglas(4) écrire :

$$\begin{aligned} Y_{optimale} &= \omega L + rK + Ab \\ &= 0.7L^{3/4} + 0.7K^{1/4} + 0.3Y_{perdue} \\ &= 0.393L + 0.1244K + 0.3Y_{perdue} \end{aligned}$$

La dépense publique (l'Etat ou une organisation collective) permet au producteur en Y_3 de réduire à néant les pertes, en supposant que dans P, nous pouvons ne retenir que les pertes en stockage et en transport.

Si $\omega L + rK$ est le niveau de survie de l'agriculteur alors, avec un petit entrepôt pour assurer son décollage, la valeur optimale de la production va augmenter de 30 à 50%. Cette valeur sera celle que l'Etat pourra investir dans l'agriculteur.

Le paysan pauvre, vu sous cet angle devient alors très rentable pour l'Etat car l'injection de capitaux d'Etat peut se calculer de la façon suivante :

Le montant des pertes de production dues à des carences de stockage représente 30 à 50 % de la valeur globale de la production

Donc, ce montant devient la valeur qu'acquiert l'agriculteur qui jusqu'alors ne valait strictement rien sur le plan financier. Sa capacité à organiser le stockage va représenter sa valeur personnelle d'entrepreneur (son patrimoine économique), lequel peut s'évaluer monétairement. On peut par exemple prendre pour valeur de base de vE = 50% du chiffre d'affaires de l'entreprise, en d'autres termes 50% des revenus annuels de l'activité de l'agriculteur avant le choc. Si un entrepôt s'amortit sur 5 ans. Alors l'Etat peut investir avec profit sur cet agriculteur 5x0.5 ($Y_{optimale} - Ab$). Soit deux fois et demi les revenus de l'année d'un agriculteur au seuil de survie.

Si cet agriculteur gagne 1$ par jour, l'Etat peut investir de façon opportune jusqu'à 912.5 $ dans un petit entrepôt pour un agriculteur.

Il convient donc d'ajouter un troisième critère évoqué précédemment, celui de :

continuité de l'accumulation de capital

Une fable de La Fontaine, Perrette et le pot au lait, est finalement assez évocatrice d'une accumulation de capital progressive. Certes la fable se termine mal par un choc économique négatif – la cruche se casse – et les rêves de Perrette s'évanouissent. Cependant, l'histoire commence de façon intéressante : les biens de Perrette s'accumulent – du moins en théorie – progressivement. Il existe une continuité qui permet de passer d'une étape à une autre et donc incite Perrette à ne pas se contenter d'un comportement routinier, boire le lait sans se fatiguer, mais de prendre la peine de se mettre en route pour le marché, et d'améliorer progressivement son sort.

Imaginons un instant une version un peu différente de La Fontaine. Imaginons que la cruche ne se soit pas cassée la première fois. Donc elle vend sur le marché son lait et, prudente, elle commence par investir immédiatement dans une deuxième cruche. Ceci lui procure une forme d'assurance à sa portée, car Perrette est bien consciente de la fragilité de sa situation. Et donc effectivement, au deuxième voyage, si effectivement la cruche se casse, elle dispose d'un bien qui lui permet de repartir et on peut espérer qu'au troisième voyage, elle soit à nouveau bénéficiaire et puisse à nouveau accumuler un petit pécule.

Des spécialistes du développement se sont étonnés en apportant en Inde des graines permettant de multiplier la productivité des terres de voir leurs interlocuteurs diviser les surfaces emblavées. Ce comportement n'a en réalité rien d'étonnant car les routines dans la vie d'un individu sont essentielles pour évacuer les angoisses, à l'instar des rituels. Peu à peu les Indiens ont tiré parti de l'accroissement de productivité et ont pu accumuler, mais il a fallu une progressivité dans la démarche.

Pourquoi cette continuité ? L'aspect psychologie du producteur n'entre pas forcément pour beaucoup dans cette nécessaire continuité. Il faut y voir un calcul – le calcul de Perrette peut-être – et un comportement motivé par l'intérêt personnel : le franchissement d'un seuil trop grand génère des risques, mobilise un capital social inaccessible, ou remet en cause trop de routines qui ont apporté la sérénité, même s'il s'agit d'une sérénité dans le plus grand dénuement.

Le premier calcul que l'individu peut faire est que les miracles n'existent pas. Toute son expérience, et celle de ses proches, n'est pas d'une situation qui change du tout au tout, du jour au lendemain. Donc prenons le cas où un pêcheur guinéen reçoit d'un programme de développement un magnifique bateau de pêche pour remplacer sa pirogue, qui lui permet de s'éloigner des côtes et de rapporter une tonne de poisson chaque jour. Auparavant, il devait se contenter de quelques kilos en fin de matinée. S'il en avait le courage, il repartait l'après-midi et si la pêche était vraiment mauvaise, il continuait la nuit avec une pêche à la crevette. Avec ce nouveau bateau, sa vie est bouleversée.

Passés les jours de liesse, il reprend ses habitudes de trier le poisson sur le sable, qui est dès lors le goulot d'étranglement de son activité. Il retourne voir ses bienfaiteurs pour leur expliquer les limites du système. Admettons qu'il trouve une écoute et qu'il puisse bénéficier d'une salle de préparation et de découpe de son poisson. L'affaire devient excellente, sauf qu'il lui manque à présent le camion pour distribuer ses produits. Et donc la masse de poissons transformés en filets devient vite un nouveau problème, même s'il réussit à attirer des clients sur place. Il retourne donc voir les initiateurs du programme de développement et réussit à obtenir un camion. Il peut alors transporter son poisson jusqu'au marché. Mais alors se pose un autre problème, il ne peut plus travailler seul et engage des personnes, qu'au départ il paie en nature avec les produits de la pêche. Sauf que le personnel vient de façon irrégulière, que lui-même n'est pas bien formé et que son personnel non plus. Il s'ensuit un fort taux d'absentéisme, des conflits constants, des vols, des produits invendables, des accidents du travail ; ses fournisseurs de caisses, de palettes, d'électricité le harcèlent…Bref notre pêcheur guinéen a beau être plein d'énergie et de bonne volonté, le fait de passer de quelques kilos de poisson à une tonne par jour ne lui permet pas de multiplier d'autant son revenu. Et sauf à injecter en continu des sommes qui deviendront vite astronomiques, le pêcheur guinéen essuie des pertes de tous côtés et ne pourra pas tirer pleinement parti de sa dotation initiale en bateau. Le capital social lui fait défaut autant que le capital économique.

En utilisant l'outil mathématique et en partant cette fois d'un modèle hypothético-déductif, on peut poser comme postulat que

Sur un court intervalle de temps donné,
La fonction de croissance personnelle d'un entrepreneur
peut éventuellement tendre vers l'infini, dans un sens ou un autre.
Il s'agit alors d'un choc économique.

Si la dérivée première permet d'exprimer la vitesse de développement, la dérivée seconde l'accélération, alors la dérivée troisième fournit une bonne représentation de l'accélération de l'accélération, c'est-à-dire un choc.

Ce choc peut présenter deux aspects, concaves ou convexes. La chute est une tangente à la courbe de la chute, mais étant donné que celle–ci tend vers l'infini, elle se confond avec la courbe à l'instant t du choc. L'accélération est la tangente de la vitesse et se confond avec la vitesse, donc à cet instant la tangente de la vitesse est la tangente du déplacement.

La situation convexe vient brièvement d'être évoquée. Une situation de choc permet à l'entrepreneur un progrès immédiat et apparent qui lui permet de passer instantanément à une date t, d'un point y_1 à un point y_2 avec $y_2 >> y_1$.

Sur cet intervalle de fonction, un maximum local va très rapidement se présenter, lequel va signifier le meilleur parti de production que va pouvoir tirer un individu d'une situation nouvelle. Ce maximum cependant ne pourra pas durer pour de multiples raisons :

- défaut de capital social,
- défaut d'un environnement positif,
- défaut d'un process complet de consolidation,
- défaut d'assurance.
- …

Le choc économique va donc très rapidement s'inverser et un retour à une situation antérieure, légèrement plus positive, est inévitable. C'est-à-dire que les points de rupture x_1 et x_2 présentent la particularité que :

$$x_2 > x_1$$

Dans le cas inverse, l'individu subit un choc économique négatif et, cette fois, la descente cesse en un minimum local y_0 avec

$$y_0 << y_1$$

Le minimum local, si la situation de choc ne perdure pas – comme ce pourrait être le cas d'une guerre qui prive un agriculteur de ses récoltes et le contraint à vivre sous une tente de l'ONU plusieurs années de suite – va être suivi d'un rebond à un niveau certes inférieur au niveau du point de rupture mais l'entrepreneur va bénéficier cette fois des ressources de :

- son capital social,
- un environnement de soutien,
- une aide économique.

L'erreur conceptuelle de Banerjee et Duflo

Ce que l'on évoque parfois comme une trappe à pauvreté est un fonctionnement différent. Cette trappe à pauvreté relève d'une autre représentation, adaptable aussi bien dans les pays en développement que dans les pays développés.

Il s'agit d'une « dégringolade » économique accompagnée d'une « désocialisation » de l'individu. Tout se passe comme si l'individu perdait à la fois son capital économique caractérisé par le choc, et simultanément son capital social. C'est la raison pour laquelle, le schéma de Duflo et Banerjee sur le basculement vers la diminution des revenus est trop simple et il n'existe pas de point spécifique à partir duquel on bascule du côté de la pauvreté. Si ce point était connu, il serait plus facile de combattre la pauvreté en donnant un coup de pouce financier.

La trappe à pauvreté au sens courant du terme fait intervenir une notion de temps. Plus une situation désespérée perdure et plus l'être humain s'adapte à un environnement nouveau qui peut prendre dans les pays occidentaux la forme de déclassification, de clochardisation si l'individu se met en position de rejet d'une société qui le délaisse, ou en position d'isolement : ce peut être le cas par exemple de personnes âgées qui se désocialisent avec deux facteurs : une extrême pauvreté couplée à des problèmes de dégénérescence divers (surdité, pertes de mémoire…) qui engendrent un repli. Même chose dans les pays en développement : une famine en Ethiopie génère dès l'origine un traumatisme profond : les victimes s'allongent le long du chemin vers les camps de réfugiés et les survivants, une fois arrivés dans les camps n'ont plus qu'une vision fataliste de l'humanité. Au départ le cultivateur qui perd tout pendant la situation de guerre peut espérer retourner sur ses terres dans un délai qui va définir l'horizon d'espoir. Puis avec les mois, voire les années, l'individu va s'adapter à sa nouvelle situation d'assisté et s'organiser dans ce nouvel univers. La vision traumatisante des victimes de la faim, additionnée à la situation d'assistanat durable fait perdre progressivement les repères d'un possible changement. Le choc économique et social dans sa durée réduit la capacité à remonter rapidement la pente. Si le cultivateur peut quitter le camp de réfugiés au bout de dix ans, sa vie sera durablement perturbée et il aura des difficultés à réorganiser son activité qui était alors en équilibre avec le développement de tout un village, lui-même inséré dans un ensemble de communautés.

Mathématiquement, cela signifie qu'il existe une corrélation entre les minima locaux et la hauteur remontée de la pente de la courbe. Plus précisément, la remontée de la pente pour le producteur dépend de la chute, et de la largeur temporelle de la zone comprise entre deux points d'inflexion, l'un précédant le minimum local et l'autre suivant ce point. Plus précisément, il s'agit de deux points où la dérivée seconde s'annule, l'un, à gauche du minimum, avec une dérivée première positive, l'autre, à droite du minimum, avec une dérivée première positive.

En poussant le raisonnement un peu plus loin, on peut prendre en compte en fait une cascade de chutes avant d'atteindre le point d'équilibre, un peu comme les particules élémentaires instables d'uranium 238 vont se désintégrer en thorium 234, puis en proactinium 234 et au bout de 13 intermédiaires, elles arrivent à se stabiliser en plomb 206 (Zimmer 2011) : l'équilibre finit donc par exister… avec beaucoup d'énergie perdue. Pour l'individu occidental, le drame peut commencer par un impayé d'une petite facture d'électricité, qui entraîne une première chute avec un rejet de chèque, puis une autre chute par un interdit bancaire qui se prolonge et génère un blocage du compte, lequel à son tour génère une incapacité à se mouvoir sans liquidités, donc une perte d'emploi ou d'accès à des ressources, etc. Une stabilité finira éventuellement par se trouver lorsque l'individu parviendra à vivre dans une caravane et avec le minimum social pourra payer de quoi survivre sur le plan alimentaire. A partir parfois donc d'une modeste dette, un individu peut se retrouver « cassé » successivement et tomber en cascade.

DEUXIÈME PARTIE

Les enjeux du stockage et le stockage contemporain

Le revenu supplémentaire issu du stockage reste lié à la capacité de l'entrepreneur de maîtriser la chaîne de conservation et plus encore la chaîne du froid. Pour montrer la relation entre revenu supplémentaire de l'entrepreneur vE et le capital social qu'il doit acquérir, un détour concret sur la conservation des aliments est nécessaire.

Dans une économie de subsistance, l'activité de production est centrée sur l'agriculture. Entre la récolte et la consommation finale du produit, interviennent des parasites, bactéries, oiseaux, rongeurs etc. qui peuvent changer complètement l'output. Le rendement à l'hectare n'a qu'un sens limité et la théorie ne peut faire l'impasse de l'ensemble d'un process qu'il convient d'observer concrètement pour induire une approche microéconomique plus réaliste.

CHAPITRE 6

La détérioration des produits frais

Tout au long de la manipulation des aliments par le producteur, les micro-organismes peuvent avoir un impact sur la qualité de la nourriture. La relation du producteur avec les aliments va donc avoir un aspect double.

D'une part, le producteur va devoir gérer la qualité de ses produits en les conservant. Il va, par expérience ou par connaissance, éliminer les produits défectueux. Cet arbitrage a un coût, car plus le producteur retire du circuit des produits détériorés et moins il gagne. Il peut laisser faire le marché et s'en remettre aux choix des acheteurs qui vont le laisser avec son stock de poissons ou de fruits avariés. Mais cette attitude a un coût pour l'acheteur qui doit en permanence s'investir dans le contrôle de la qualité du producteur, avec une large zone d'incertitude, et éviter d'acheter à un producteur dont le seul souci serait de mettre systématiquement les plus belles fraises au-dessus du panier. La réalité concrète se situe à un niveau intermédiaire : le consommateur ne fait jamais entièrement confiance au producteur et ne peut en même temps systématiquement mettre en doute sa parole.

D'autre part, le producteur a un impact déterminant sur la santé humaine de ses acheteurs. Il peut être à l'origine d'infections ou d'intoxications alimentaires. Ce n'est évidemment pas son intérêt, car il est le premier consommateur de ses produits. Par ailleurs, plus sa notoriété grandit, plus sa communauté d'acheteurs grandit et plus il a besoin de gérer sa réputation pour éviter l'exclusion du marché et donc une chute de ses ventes. Cette situation est aussi redoutable dans les pays développés que dans les pays en développement.

La principale spécificité du producteur de produits alimentaires est tout à la fois qu'il délivre des éléments nutritifs indispensables à l'homme, mais que ces éléments constituent aussi d'excellents milieux pour la croissance des micro-organismes contaminants.

Le producteur va devoir contrôler deux types de facteurs : les facteurs intrinsèques à l'aliment lui-même et les facteurs extrinsèques liés à l'environnement donc au stockage (Prescott 2010).

Les facteurs intrinsèques comprennent

- le pH,
- l'humidité,
- la présence d'eau,
- le potentiel d'oxydo-réduction,
- la structure physique,
- les éléments nutritifs disponibles,
- la présence possible d'agents antimicrobiens naturels.

Les facteurs extrinsèques concernent :

- la température,
- l'humidité relative,
- les gaz (CO_2, O_2),
- les types et les quantités de micro-organismes présents dans l'aliment.

Le producteur, en fonction de l'écosystème dans lequel il vit, en fonction des produits qu'il peut mettre sur le marché, devra essayer de s'accommoder au mieux des produits que la terre lui fournit. Il apprendra à les maîtriser dans les cuissons ou dans ses préparations notamment par le biais de la fermentation, des techniques acquises quasiment avec les débuts de l'agriculture, qu'il s'agisse de fermentations lactiques, propioniques – à la base du fromage à pâte cuite - ou alcooliques. Parallèlement, il pourra avoir une action plus directe sur les facteurs extrinsèques à travers la maîtrise de la température, de l'humidité et du rayonnement solaire.

La composition des aliments est un facteur intrinsèque qui influence la croissance microbienne. Si l'aliment consiste surtout en hydrate de carbone, la croissance de champignons prédominera : le pain, les confitures, certains fruits gâtent d'abord sous l'action des champignons.

Si par contre l'aliment contient beaucoup de protéines et/ou de graisses, la dégradation anaérobie des protéines, va produire des composés aminés nauséabonds à travers la putréfaction. Une source importante d'odeur est une amine organique appelée cadavérine.

Le pH d'un aliment est aussi critique. Un pH faible favorise les moisissures et les levures. Un pH neutre ou alcalin comme dans le cas de la viande va favoriser le développement bactérien.

La présence d'eau influence également la prolifération des micro-organismes. La disponibilité de l'eau mesurée en termes d'activité de l'eau (a_w) qui représente le rapport entre l'humidité relative de l'air au-dessus d'une solution test et l'eau distillée. Les micro-organismes osmophiles (osmos = poussée) se développent sur des milieux dont la pression osmotique est élevée, alors que les micro-organismes xérophiles (xéros = sec) où l'activité de l'eau, aw, est faible.

Le potentiel d'oxydo-réduction d'un aliment influence aussi sa détérioration. Une fois cuits, les produits carnés, tels que les bouillons, ont des potentiels d'oxydo-réduction plus faibles. Ils représentent un milieu réducteur pour la croissance microbienne.

La préparation des aliments peut également devenir une source de détérioration : broyer, mélanger, hacher des aliments augmente la surface de contact de la nourriture, mais également contribue à disperser les micro-organismes :

Les légumes et les fruits ont une un enveloppe externe qui les protège. Souvent les micro-organismes contaminants ont des enzymes spécialisées qui les aident à pénétrer les pelures et les écorces, et d'autant plus lorsque écorces ou pelures ont été déchirées.

Avec la température, l'humidité est également un facteur de détérioration des aliments. Dans une humidité relative élevée, la croissance microbienne démarre plus rapidement, même à basse température.

De même l'atmosphère dans laquelle la nourriture est conservée est importante. Par exemple certains films plastiques qui servent à emballer des aliments permettent une diffusion de l'oxygène, ce qui favorise la croissance de micro-organismes superficiels.

Un excès de CO_2 en revanche peut réduire le pH des produits et inhiber le développement de micro-organismes.

C'est ce qui explique le développement des emballages sous atmosphère modifiée de produits tels que les charcuteries, salades, pizzas ou encore des produits séchés comme le café.

Les moisissures peuvent se développer rapidement sur des céréales et des maïs conservés dans des conditions humides. L'ergotisme est une intoxication qui peut en résulter et entraîner la mort d'un individu. Les aflatoxines sont des cancérigènes produites le plus souvent dans des céréales et des noix humides. On peut en trouver également dans le cacao ou la farine de soja. Si le bétail consomme des aliments contaminés par des aflatoxines, celles-ci peuvent aussi apparaître dans le lait et les produits laitiers.

Les fumonisines découverts en 1988, contaminent le maïs humide et provoquent par exemple des leucoencéphalomalacies chez les chevaux qui décèdent en 2 à 3 jours.

Pour les poissons et crustacés, les phycotoxines proviennent d'une algue contaminant les poissons et coquillages et provoquent chez l'être humain des effets tels que des diarrhées moins d'une heure après l'ingestion, ou également des effets neurologiques paralysants.

Les petits producteurs, à travers le monde, maîtrisent naturellement certaines activités de stockage, de préservation des produits, tels le séchage ou la salaison. Leur action est donc déterminante sur la qualité des produits et la santé humaine. Il n'en reste pas moins que la maîtrise des techniques de conservation nécessite un effort permanent de formation et d'acquisition ininterrompu de connaissances pour éviter des ruptures fatales. Ces ruptures peuvent par exemple être provoquées par des guerres de longue durée durant lesquelles les échanges naturels interpersonnels sont rompus et nuisent considérablement au maintien d'un capital social de savoir-faire. Les formations scolaires et universitaires classiques permettent de linéariser et d'homogénéiser les connaissances tout en les optimisant avec les acquis les plus récents.

Contrôler la détérioration des aliments

Dès le début de l'agriculture, et probablement même auparavant, il a fallu conserver les aliments. Des traces de pêche au grand large – des hameçons – datant de 42000 ans, ont par exemple été découvertes témoignant indirectement d'une capacité à conserver les produits (O'Connor, Ono et al. 2011). L'emploi de sel pour conserver la viande et la fabrication de fromages et de lait caillé ont été introduits au Moyen-Orient dès 3000 avant J.C. Le fumage du poisson et de la viande ont également constitué dès cette époque une solution d'amélioration de la santé publique, ainsi que la production de vin. Il a fallu pourtant attendre le milieu du XIXe pour que l'on comprenne que la détérioration des aliments provenait de micro-organismes.

Dessiccation et déshydratation

Plusieurs méthodes ont été utilisées pour la conservation de la nourriture périssable : fumage, séchage et salaison. La salaison est la technique la plus répandue, et se fait en utilisant du sel ou par immersion dans un bain de saumure. Excepté le marinage, les méthodes sont basées sur la dessiccation ou la déshydratation.

Le fumage est utilisé aussi bien pour les viandes que les poissons depuis le IIe millénaire av. J.-C. en Europe. Il sèche et introduit le formaldéhyde, qui agit en tant que conservateur et change également le goût de la viande, augmentant sa saveur. Au Ier siècle, Columelle présente ses observations sur la saveur d'un fromage romain qui a été durci en saumure, puis fumé. Les Romains sous la République utilisaient donc déjà le fumage. Pendant la période impériale, les fumoirs se sont multipliés pour fumer bœuf, jambon, lard et poissons (Columelle 1993).

L'utilisation du sel a été et est toujours un moyen important de conservation. Plusieurs types de sel ont été utilisés depuis plusieurs millénaires : le sel de roche - sel gemme- et le sel de mer, auxquels ont été parfois mélangées des épices. Le sel de mer est obtenu en évaporant l'eau de mer dans des marais salants. Des sources salées fournissent également du sel, extrait par évaporation ou ébullition. Divers auteurs de l'antiquité démontrent l'utilisation répandue du sel :

- Columelle, au 1er siècle dans son œuvre agronomique en douze volumes Res Rustica, mentionne l'utilisation du sel dans les préparations de fromage de chèvre,
- Caton l'Ancien, dans *De Agricultura*, deux cents ans auparavant, rapporte la façon dont on conserve les olives vertes dans la saumure ; il présente un procédé, connu parmi d'autres, pour faire des salaisons de jambons.
- Varron, auteur au 1e siècle AC de près de 600 volumes dont *De re rustica*, indique que les œufs étaient également conservés dans le sel.

Le séchage au soleil et au vent a dû être utilisé à grande échelle et il est toujours en usage. Dans l'antiquité, les Égyptiens coupaient les poissons en deux, les salaient, puis, pour les sécher, les suspendaient à une barre (Varron 1978).

Miel et cire

Peu souvent abordée, la conservation au miel a été utilisée pour les fruits tels que les prunes et les pommes. L'effet conjugué du miel et de la cire a facilité le processus de conservation. Pline l'Ancien, en présentant les mœurs épulaires de son époque, décrit cette technique (Pline 2003).

Fromage

La fabrication de fromage est un autre moyen de lutter contre la dégradation d'un produit de base. Obtenu par coagulation et égouttage du lait, de la crème ou de leur mélange, il faut généralement 11 kg de lait pour obtenir 1 kg de fromage.

Au moment où naissait le fromage au néolithique, l'excédent de lait de chèvre ou de brebis était conservé dans une outre faite de panse de veau encore fraîche. Le choix de la peau était motivé par le fait que l'estomac des jeunes bovins, non sevrés, contenait naturellement une présure favorisant le caillage du lait.

Dans la Rome antique, les fromages de chèvre et de brebis étaient des aliments quotidiens ; les Romains ont par ailleurs développé des variétés de fromage à pâte dure tels le parmesan et le pecorino. À la suite de la chute de l'Empire romain et des invasions barbares, les monastères bénédictins et cisterciens ont pris le relais dans la fabrication de fromages tout au long du Moyen Âge.

Palladius et Columelle ont décrit la fabrication des fromages à pâte dure, et les plantes ou ingrédients qui facilitent le caillage avec les températures pour le séchage, le salage.

Les céréales

Le problème du stockage du grain qui sera évoqué plus longuement par la suite, se pose dès lors que les céréales ne sont pas immédiatement destinées à la vente. La conservation ne dépasse souvent pas l'année, voire moins, et l'étonnement de Xénophon dans l'Anabase, devant les réserves à long terme de certaines régions d'Arménie, suggère que tel n'était pas l'usage en Grèce. Théophraste consacre plusieurs pages à la conservation des semences, généralement pour l'année suivante pas plus. Dans ce cadre, la sensibilité du ravitaillement des Grecs aux variations climatiques est extrême : les familles les plus modestes vivent dans une situation de grande fragilité en matière frumentaire, ce qui a favorisé les stratégies de diversification des cultures pour limiter les risques.

Vinification et fermentation

Le vin n'a pas réellement été inventé mais plutôt découvert, puisque le raisin n'a pas besoin de l'intervention humaine pour que se produise la fermentation alcoolique. Des techniques ont permis de longue date d'améliorer la qualité du vin : par exemple une jarre du néolithique de 7000 AC a été découverte en Iran, attestant de l'utilisation de la résine de térébinthe mélangée au vin pour l'empêcher d'aigrir (Phillips 2001).

Aujourd'hui, quelques entreprises spécialisées dans le monde fabriquent et vendent des bactéries par milliards d'unités en petits sachets, pour favoriser la vinification.

Dans le domaine de la charcuterie, les saucissons peuvent être fermentés, de même les jambons de campagne fumés, les salamis, le cervelas, les sauces de poisson. Toute une gamme de plantes contenant des hydrates de carbone peut être utilisée pour produire des boissons alcoolisées. Soit directement comme dans le cas du raisin, soit après hydrolyse comme dans le cas de la bière. Le pain se fabrique également à l'aide de micro-organismes – les levures – connues également depuis des millénaires. Beaucoup d'aliments dans le monde entier sont fermentés pour conserver : à partir de manioc et de ferments par exemple on obtient le Gari ou le Peujeum. Avec des graines de soja, le sufu, le tao-si, le tempeh. Les cafés comme les olives vertes font également l'objet de fermentation pour leur conservation.

Pasteurisation

La pasteurisation a amené une sensibilité particulière à la gestion de la température des produits. L'idée de la pasteurisation est d'éliminer des micro-organismes pathogènes et de réduire nettement la quantité des organismes contaminants.

Ainsi la pasteurisation à basse température LHT (low temperature holding) se situe à 62,8°C pendant 30 minutes. Elle concerne le lait, les bières, les jus de fruits. Les produits peuvent également être maintenus à 71°C pendant 15 secondes pour un traitement rapide à haute température : HTST : High température Short Time. Le lait peut être traité à 141°C pendant 2 secondes : c'est le procédé ultra haute température UHT. Les traitements à des températures plus élevées augmentent la durée de vie des produits et laissent un meilleur goût lorsqu'ils sont de courte durée.

Ces traitements thermiques sont établis sur l'idée que statistiquement le nombre de micro-organismes va descendre en dessous d'un certain seuil après un temps de chauffage donné.

La conservation par produits chimiques est inaccessible au premier abord pour un petit entrepreneur, de même que les radiations.

Réfrigération

Le froid artificiel fourni par les réfrigérateurs est une invention relativement récente avec des coffres (milieu du XIXe siècle). Jusqu'à cette époque, la glace naturelle ou la neige est conservée du mois de décembre au mois d'octobre, dans des glacières, constructions en sous-sol, pour conserver les aliments au mieux. Des tablettes en écriture cunéiforme datant de 2000 ans avant notre ère indiquent que des glacières existaient déjà dans la région de l'Euphrate ainsi que dans l'actuelle Iraq.

Sénèque attribue à la glace des vertus médicinales. À ce titre, l'Empereur Hadrien atteint d'hydropisie s'applique sur le cœur de la glace contenue dans une vessie de porc ; cela soulage la douleur qui lui étreint la poitrine et atténue ses angoisses. Durant toute l'Antiquité, la glace est utilisée pour arrêter les hémorragies, soulager les coliques néphrétiques, la fièvre, la gangrène…

Au Moyen Âge, les vertus de la glace se retrouvent dans les usages thérapeutiques. Dans le monde musulman, on en multiplie les usages comme en atteste le sorbet offert par Saladin à Richard Cœur de Lion au XIIe siècle.

A la Renaissance, la consommation de la glace s'intensifie avec les Italiens et par exemple Catherine de Médicis, apporte avec elle le secret des sorbets à base d'un mélange de glace, de salpêtre et de sel. Henri III et Louis XIV en sont friands et toute la noblesse et la bourgeoisie, qui cherchent à les imiter, vont peu à peu se faire construire des glacières qui deviennent courantes dans les châteaux.

Au XVIIe siècle, l'usage de la glace se répand dans l'espace public. En 1684, l'Italien Procopio Cultelli ouvre un café à Paris, Place de la Comédie Française (l'actuel café Procope). Il va très vite devenir à la mode car on y vend une multitude de glaces et de sorbets. Le commerce de la glace s'intensifie et reste florissant jusqu'à la fin du XIXe siècle.

La construction d'une bonne glacière est coûteuse, ainsi que son remplissage et de fait la glace naturelle reste pendant longtemps un produit assez rare, cher et réservé aux plus fortunés.

Eléments de la détérioration des aliments

D'un point de vue économique, les animaux nuisibles ne sont pas à négliger, en ce sens que le producteur, face aux multiples risques du stockage, et face au combat quotidien contre un ensemble d'ennemis naturels, peut perdre du jour au lendemain la totalité de sa récolte et donc subir un choc économique généralement peu intégré dans les analyses. Impossible évidemment de mesurer la quantité moyenne de récolte perdue par la dégradation des stocks. Cette mesure est aujourd'hui encore délicate à établir dans les pays en développement et de façon macroéconomique (Grolleaud 2002) Ce que l'on peut comprendre est que le stockage ne consiste pas seulement, avec un peu d'effort, à confiner les récoltes dans une enveloppe protectrice, mais nécessite un véritable savoir-faire adaptable selon les régions, l'humidité, la température, les animaux, les microorganismes. Le producteur doit ainsi intégrer de multiples paramètres de vigilance pour préserver son stock, chaque paramètre devant être pris en compte séparément et nécessitant une approche particulière.

Les insectes ravageurs

Les insectes ont été dès l'origine du stockage repérés comme un redoutable fléau, par les pertes en stocks, par les souillures qu'ils engendrent sur les stocks qu'ils consomment et qu'ils rendent impropres à la consommation, et enfin par les germes infectieux qu'ils développent dans les stocks.

La bible dans le livre de l'Exode mentionne « 10 plaies d'Egypte » parmi lesquelles figurent trois insectes : les moustiques, les mouches (ou les taons) et les sauterelles. Pour ces dernières il est écrit : « [...] Elles couvrirent la surface de toute la terre et la terre fut dans l'obscurité ; elles dévorèrent toutes les plantes de la terre et tous les fruits des arbres, tout ce que la grêle avait laissé et il ne resta aucune verdure aux arbres ni aux plantes des champs dans tout le pays d'Égypte [...] » (Bible 1975). Aujourd'hui encore pour un agriculteur, une invasion de sauterelles reste un phénomène brusque et déconcertant.

Les insectes demeurent une difficulté à gérer. Les plus courants entrent dans les catégories des coléoptères et lépidoptères : charançons du blé, charançons du riz, tribolium de la farine, sylvains, capucins des grains, teignes des fruits secs, alucite des céréales.

Chacun de ces insectes a une température optimale de développement : autour de 31°C par exemple pour le charançon, qui ne pourra plus se reproduire en dessous de 12°C. A 5°C pendant 3 mois, les charançons meurent ainsi que les œufs, nymphes et larves. Les capucins comme les sylvains ne peuvent plus se reproduire en-dessous de 21°C.

L'entrepreneur ne dispose donc pas de recettes générales pour contrer ces insectes et il doit localement trouver les remèdes selon l'hygrométrie et la température moyenne locales, ainsi que le type d'insectes. Cela a incité à ancrer géographiquement les méthodes de stockage, même si l'on retrouve à travers les époques des modèles généraux de confinement. C'est aussi une explication de la difficulté sur certaines terres, en apparence généreuses sur le plan agricole, à assurer le stockage à l'abri de la chaleur et de l'humidité.

Oiseaux, rongeurs

Les insectes ne sont pas les seuls à dégrader les récoltes, les oiseaux granivores sont évidemment les premiers à présenter un risque et justifient la préservation des céréales dans un récipient. De mêmes les fourmis, les vers, les rongeurs – rats, souris des champs etc. Les prélèvements de ces animaux sont à la fois quantitatifs, et surtout qualitatifs car par exemple les oiseaux vont dégrader les produits par les fientes et les plumes qu'ils vont déposer.

De nombreux autres animaux peuvent concurrencer l'homme sur un territoire : les sangliers, les grenouilles, les fauves, etc.

Pour stopper les nuisances de ces animaux, de multiples recettes ont été développées dès l'antiquité comme l'amurque, un marc d'olives pressurées dont on arrose les récoltes, qui fait fuir les rats autant que les fourmis. Des agronomes romains comme Columelle ou Palladius, ont largement expliqué de nombreuses recettes. Caton l'Ancien souligne ainsi : « *pour prévenir les attaques du charançon et les dégâts des campagnols, faites un lut* (c'est-à-dire un enduit) *avec de l'amurque et de la paille hachée, que vous laissez détremper et que vous gâcherez convenablement : vous en étendrez une couche épaisse sur tout le grenier, vous ajouterez par-dessus une couche d'amurque. Lorsque le lut sera sec, vous pourrez déposer dans votre grenier du froment non échauffé sans avoir à redouter le charançon* » (Goujard 1975).

La contamination

La contamination est également une préoccupation majeure pour le producteur, d'autant plus qu'elle est souvent invisible. Par exemple, les glacières enfouies dans le sol, dont la technique sera présentée un peu plus loin ont parfois été mises en cause dans l'origine de germes de la peste. Dès l'antiquité, Hippocrate a condamné l'usage de la glace pleine d'impuretés, mais malgré ses avertissements, les Grecs ont consommé de la glace en abondance comme en témoignent les nombreux rafraîchissoirs trouvés dans les fouilles des sites archéologiques (Martin 1997).

Les insectes, de même les rongeurs ou les oiseaux, peuvent être une source de contamination et faire perdre un lot complet de produit.

L'humidité

Pour favoriser la conservation, les agronomes latins ont insisté sur la nécessité de sécher le grain et de le conserver à l'abri de l'humidité. Un moyen pour le sécher a d'abord été de le battre. Palladius (Saboureux de la Bonneterie 1864) au IVe siècle, a expliqué qu'« *il faut avoir dans son voisinage un autre terrain plat et bien découvert, dans lequel on puisse transporter les blés pour y prendre l'air avant d'être serrés dans les greniers ; précaution utile pour qu'il se garde longtemps* ».

Columelle sur le même sujet a indiqué que « *les greniers, auxquels conduira un escalier, auront de petites fenêtres croisées, livrant passage aux aquilons. Cette position, étant la plus fraîche et la moins humide, est très favorable à la conservation des grains* ». Un autre auteur, Varron, s'est exprimé sur le sujet dans l'Antiquité, qui témoigne de l'importance du sujet : « *pour le blé, il faut le serrer dans de hauts greniers, où les vents soufflent du nord et de l'est, et où l'humidité ne puisse pénétrer d'aucun côté* » et « *pour les denrées sèches, tels les fèves, les lentilles, l'orge et le blé, on établira des espèces de plancher* ».

Les maladies transmises par les aliments

L'alimentation n'est plus forcément au premier plan dans l'origine des maladies, mais aux Etats-Unis, selon les Centres pour le Contrôle et la Prévention des Maladies, « les cas de maladies liées à l'alimentation s'élèvent annuellement à 76 millions dont 14 millions attribués à des pathogènes connus. Les maladies transmises par les aliments sont responsables de 325 000 hospitalisations et d'au moins 5000 décès par an » (Prescott 2010). Intoxications ou infections sont donc toujours d'actualité *a fortiori* dans les pays en développement.

De nombreux progrès ont été accomplis depuis une cinquantaine d'années, non seulement dans le traitement des maladies liées à l'alimentation mais aussi dans les origines. C'est ainsi que depuis 1942, le nombre de pathogènes alimentaires reconnus a augmenté de plus d'un facteur de cinq.

Deux types de maladies sont transmis par les aliments :

Les infections

Les infections impliquent l'ingestion du pathogène, suivie d'une multiplication dans l'hôte, accompagnée d'une invasion tissulaire et/ou la libération de toxines. Parmi les plus connues, on y retrouve la salmonellose, Campylobacter jejuni, la listériose, ou encore Escherichia Coli. Il semble pour ce dernier que la dose infectieuse ne dépasse pas les 500 bactéries.

La transmission peut se faire par l'eau, ou par un manque d'hygiène dans la préparation des aliments, avec contamination directe des appareils et les personnes qui manipulent la nourriture.

Les intoxications

Les intoxications alimentaires ne requièrent pas de croissance de micro-organismes pathogènes. Les toxines produites dans la nourriture peuvent être associées aux cellules microbiennes ou être libérées par les cellules. Les effets des toxines sont ressentis rapidement, entre 2 et 6 heures après l'ingestion.

Parmi les sources d'empoisonnement on trouve de façon classique le staphylocoque doré. Le Clostridium perfringens est une des intoxications alimentaires les plus répandues. Après ingestion, les cellules sporulent dans l'intestin et sont une cause de gangrène qui touche l'homme mais également des animaux comme le porc.

Le Clostridium botulinum ou le germe Bacillus cereus sont également très présents dans le monde entier.

Le producteur dispose d'un large panel d'outils pour maîtriser la dégradation des aliments et mieux les conserver. Le producteur individuel, isolé est plus limité dans son action et donc paie au prix fort les pertes sur ses récoltes et en particulier sur la vente de produits carnés. L'un des principaux leviers disponibles à ce jour, parallèlement à l'acquisition d'un capital social de connaissance sur la préparation alimentaire, est la mise en œuvre de chambres froides par des techniques accessibles.

Gammes de température et multiplication bactérienne, fongique et parasitaire

Pour comprendre l'enjeu du stockage pour un petit entrepreneur solitaire et les différences avec le sens commun de la gestion des stocks dans l'entreprise développée, un détour s'impose par la microbiologie alimentaire car elle est au cœur du fonctionnement du stockage élémentaire.

Les micro-organismes pour se développer ont besoin de nutriments qui leur sont apportés dans certaines conditions. La température est un facteur qui influence profondément la nutrition des micro-organismes, soit pour les inhiber ou au contraire en favoriser la croissance.

La température va influencer :

- La multiplication,
- Le métabolisme, c'est-à-dire les processus chimiques et biochimiques de dégradation ou de synthèse organique permanente dans les cellules,

La maîtrise de la température va permettre non pas de réduire de façon significative les populations microbiennes mais elle va ralentir l'altération des aliments. Donc **le temps est au cœur des mécanismes de l'alimentation humaine et animale**.

On peut classer les micro-organismes en six catégories selon leur température optimale de développement :

- les mésophiles, les plus courants, s'épanouissent entre 20 et 40 degrés avec un optimum vers 30°-37°,
- les psychrophiles (psychro = froid) ont une température optimale de croissance autour de 10°C,
- les psychrotrophes, ont un optimum vers 25°C, mais peuvent s'adapter à 0° C,
- les thermophiles se multiplient vers 45-55°C,
- les thermophiles extrêmes (ou hyperthermophiles) ont un optimum vers 70°C,
- les thermotrophes se développent vers 50°C.

Cette classification n'est pas stricte et de nombreux chevauchements existent d'un groupe à l'autre. Chaque micro-organisme a son métabolisme et son mode de reproduction optimisé à des températures qui lui sont propres.

Ainsi, très souvent les champignons et les levures sont des psychrotrophes mésophiles mais certaines levures se développent à 45°C et d'autres à 1°C.

Des bactéries vivent au fond de la mer et supportent des températures de 250°C sous une pression de 265 atmosphères (Pyrodictium occultum).

Les psychrotrophes et psychrophiles sont très largement répandus dans les milieux naturels et peuvent contaminer les produits alimentaires.

D'autres critères de classification interviennent tels que l'acidité du milieu. Par exemple un E. Coli va se multiplier à partir d'un pH 4,4 jusqu'à un pH 9. Certains peuvent se développer dans des milieux très acides pH 0 qui est le milieu normal de l'acide sulfurique, ils sont acidophiles par opposition à des basophiles (ou alcalophiles).

Les exigences gazeuses des micro-organismes portent surtout sur l'oxygène et permettent des distinctions entre aérobies ou anaérobies.

La pression osmotique influence peu les micro-organismes à l'exception des bactéries marines adaptées à un milieu riche en sels, notamment en chlorure de sodium. Une nouvelle distinction s'établit alors entre les non-halophiles et les halophiles. Cette distinction est assez utile dans l'étude de procédés permettant d'éviter la dégradation des produits alimentaires.

Enfin la disponibilité en eau est essentielle également pour caractériser des espèces xérophiles, qui résistent à la dessiccation. L'eau est utilisée de deux façons par les micro-organismes :

- Comme solvant des nutriments pour assurer leur transport et leur disponibilité,
- Comme agent chimique de réactions d'hydrolyse.

L'humidité des aliments a une grande influence sur leur conservation. La quantité d'eau disponible est exprimée par l'AW (activity of water) qui exprime un rapport de pression de vapeur saturante d'un milieu à la pression de vapeur saturante de l'eau pure : AW= p/p0

Les céréales ont un Aw $<0,7$ tandis que la viande est à Aw=0,99.

Ainsi l'action des micro-organismes sur les produits alimentaires ou les animaux est extrêmement variée en fonction de la température. **La température ambiante, jointe à l'humidité ambiante, vont contribuer grandement à la dégradation des produits** en particulier par le biais des bactéries psychrophiles et psychrotrophes.

Action de la chaleur sur les micro-organismes

La température influence directement les micro-organismes, bien plus que les humains, pour la simple raison qu'ils n'ont aucune inertie thermique et leur température varie avec celle du milieu extérieur.

L'un des effets majeurs de la température, visible sur la croissance, est la sensibilité thermique de réactions catalysées par les enzymes. Les enzymes sont des accélérateurs de réactions chimiques, sans eux la vie ne serait pas possible. Les enzymes partent des matériaux disponibles – les substrats – et forment des substances nouvelles appelées : les produits.

Les enzymes sont d'une très grande diversité mais sont regroupées en 6 classes : les hydrolases par exemple vont accélérer l'hydrolyse des molécules, les oxydoréductases vont accélérer les réactions d'oxydo-réduction.

Chaque enzyme à une température à laquelle sa fonction est optimale (Prescott 2010). A partir d'une température sub-optimale, la vitesse de la réaction double à chaque augmentation de 10°. Au-delà d'un certain seuil, les températures élevées deviennent létales : elles endommagent les micro-organismes en dénaturant les enzymes, les systèmes de transport et d'autres protéines. La température a aussi un effet sur les membranes microbiennes qui se désintègrent.

Chaque micro-organisme est caractérisé par un ensemble de températures dites cardinales c'est-à-dire : minimale, optimale et maximale. Par exemple les températures cardinales de l'Escherichia coli sont 10°, 37° et 45°

Les optima de température vont généralement de 0° à 70 °.

Inactivation thermique

L'une des préoccupations majeures en économie du développement est de permettre aux populations les plus démunies de mieux s'alimenter et donc de mieux gérer la production agricole et l'élevage, donc les stocks alimentaires.

Dans cette perspective, il est indispensable de bien contrôler le développement des micro-organismes, ce qui non seulement doit éviter leurs effets nuisibles sur l'homme mais aussi sur les produits de leur activité : les aliments.

Diverses techniques permettent de procéder à des actions

- de désinfection préventive par détersion, inhibition, destruction,
- de décontamination de matériel,
- d'antisepsie sur les tissus vivants,
- de stérilisation pour éliminer la totalité des micro-organismes sur un matériel.

Bien comprendre les données de base de l'action sur les micro-organismes permet de mieux cerner les mesures économiques à définir dans le domaine alimentaire.

A travers une modification de température deux types d'effets sont recherchés sur les micro-organismes, soit le ralentissement du développement microbien – on parlera alors de réfrigération, de congélation ou de pasteurisation – soit de détruire les micro-organismes : il s'agira alors de stérilisation ou d'appertisation (mise en boîtes de conserve).

Avec une température constante, une population microbienne va évoluer en fonction du temps de traitement. S'il s'agit de détruire les microorganismes, la décroissance sera exponentielle.

Avec une fonction $N = f(t) : dN/dt = -kN$

Et $N = N_0.e^{-kt}$

$\log N = \log N_0 - kt/2.3030$.

Le refroidissement est également un élément clé de la préservation des aliments. En voici quelques règles au regard des risques :

- 10°C : T° maximale de conservation et transport des denrées périssables
- 7°C : T° maximale de conservation des viandes en coupe
- 6,7°C : arrêt de la multiplication du Staphylocoque doré
- 5,2°C : arrêt de la multiplication de la Salmonelle
- 4°C : température de REFRIGERATION
- 3,3°C : T° maximale de conservation des produits laitiers, volailles, lapins et gibiers
- 3°C : FIN DU RISQUE DÛ AUX BACTERIES PATHOGENES ET TOXINOGENES
- 3°C : T° maximale de conservation des plats cuisinés en liaison froide, des viandes hachées
- 2°C : T° maximale de conservation des produits de la pêche
- -10°C : CONGELATION - ARRET DE TOUTE MULTIPLICATION BACTERIENNE
- -10°C : T° maximale de conservation des viandes congelées
- -14°C T° maximale de conservation des beurres et graisses congelés
- -18°C : SURGELATION - ARRET DE TOUTE MULTIPLICATION MICROBIENNE

Le type de micro-organisme va permettre de définir un facteur de thermo-résistance.

Diverses variables vont influencer également leur destruction, tels :
- la concentration en sucre,
- la présence de levure,
- ou encore la concentration en sels qui vont augmenter la résistance des microorganismes. Concernant le pH, la résistance sera optimale à la valeur indicative 7. En revanche, elle diminue très fortement en milieu acide et un peu moins en pH alcalin.

Diverses techniques ont été mises au point depuis le XVIIIe siècle :
- l'appertisation qui a démarré avec la conservation de légumes enfermés dans des bouteilles plongées dans l'eau bouillante,
- La tyndallisation pour éviter l'altération des aliments. L'opération consiste à chauffer 3 fois de suite pendant une heure à 70°,
- La pasteurisation selon différentes méthodes.

La technique du froid est d'un usage généralisé plus récent. Les règles ont été émises vers 1934 par Alexandre Monvoisin. Elles sont connues sous la dénomination de « trépied frigorifique de Monvoisin ». Ces règles, toujours d'actualité, sont les suivantes :
- Réfrigération appliquée à un aliment sain,
- Réfrigération précoce,
- Réfrigération continue, ce qui implique la notion de chaîne du froid et de « maillons » de la chaîne du froid.

Pour mémoire, d'autres moyens de destruction des micro-organismes sont également accessibles, telles les radiations. Le rayonnement solaire, plus précisément les radiations ultraviolettes, sont utiles dans l'habitat par exemple. Les rayons UV sont les plus utilisés pour la stérilisation, mais ont une efficacité limitée en surface ou dans des liquides limpides. Leur pénétration est arrêtée par la moindre particule de matière en suspension.

De même, la pression osmotique est aussi un moyen de conservation de certains aliments, comme les confitures ou les salaisons. Ce procédé ancestral a un effet antimicrobien. Les espèces osmophiles ou halophiles c'est-à-dire qui se développent avec de fortes teneurs en sel, sont peu nombreuses. Le séchage est fondé également sur l'augmentation de la pression osmotique et la diminution de l'Aw.

Durée de conservation selon les températures : exemple du poisson et de la pomme

Le principe de conservation du poisson est un bon exemple pour mieux comprendre la chaîne du froid et l'importance que prend le stockage, à grande échelle sur les chalutiers, autant que pour un modeste pêcheur.

Un poisson, un fois pêché, se conserve à température « de lit de glace », c'est-à-dire à zéro degré. La dégradation du poisson à cette température est relativement lente. L'altération prend deux formes différentes avec une prolifération bactérienne aérobie et anaérobie, et une activité enzymatique.

La prolifération bactérienne sur un poisson pêché dépend tout d'abord de l'environnement dans lequel il a été capturé. Dans des eaux polluées et chaudes, la charge microbienne sera relativement plus importante que dans des eaux froides et propres. On classe les bactéries rencontrées à la surface du poisson en deux catégories :

- les psychrotrophes (supportant le froid)
- et les psychrophiles (aimant le froid). Les psychrophiles possèdent une température maximale de croissance aux environs de 20°, et optimale à 15°. Les psychrotrophes vont se développer à partir de 0° mais avec un optimum à 25°.

Au moment où le poisson est pêché, sa chair est stérile car le système immunitaire du poisson empêche les bactéries de proliférer. A la mort du poisson, le système immunitaire s'effondre et à la surface de la peau, les bactéries commencent à coloniser les alvéoles des écailles. Puis elles envahissent de façon exponentielle la chair en se déplaçant entre les fibres musculaires.

Avec une conservation sous glace, les bactéries des poissons d'eaux tropicales vont se limiter à un doublement en 24 heures, puis après le plus souvent une phase de latence de 1 à 2 semaines, vont connaître, même à 0° une phase de croissance exponentielle.

Chaque poisson possède ses propres bactéries et la plupart d'entre elles ne jouent aucun rôle dans son altération. La vitesse de dégradation est très variable. Par exemple, des poissons tels que le merlan ou le cabillaud ont un tégument très fragile comparés à des carrelets qui possèdent un derme robuste. Ces derniers ont également une couche épaisse de mucus qui comprend des substances antibactériennes telles que des anticorps et des enzymes bactériolytiques.

Voici à titre d'exemple les durées de conservation et vitesse relative d'altération de produits de la mer :

	durée conservation à 0°	durée conservation à 5°	durée conservation à 10°
Pinces de crabe	10 jours	5.5 jours	2.6 jours
Saumon	11.8 jours	8 jours	3 jours
Dorade	32 jours	-	8 jours
Cabillaud	14 jours	6 jours	3 jours

La dégradation d'un poisson ou d'un crustacé peut donc se résumer sur une échelle relativement simple à une durée de conservation divisée par 2 tous les 5°.

Par conséquent, non seulement la température de stockage est importante, mais également la rapidité avec laquelle un poisson fraîchement pêché peut être protégé du rayonnement solaire et stocké. En effet, quelques heures en plein soleil à 30° et le poisson a perdu l'essentiel de son temps de conservation potentiel : un cabillaud qui se conserve 14 jours à 0°, sera consommable au maximum 3 heures après sa pêche s'il est exposé à une température de 30°. C'est l'un des éléments déjà évoqué du trépied d'Alexandre Monvoisin : la réfrigération précoce, les deux autres principes étant, la réfrigération appliquée à un aliment sain et la réfrigération continue.

Un stockage alimentaire efficient pour respecter la chaîne du froid est donc indispensable pour préserver les récoltes ou le produit des pêches, mais il doit aussi se situer au plus près du lieu de production ou de travail du producteur pour respecter la règle de la réfrigération précoce.

D'où cette notion de lien étroit entre le petit producteur et le petit entreposage sur le lieu de vie des producteurs.

* * *

Pour des fruits comme les pommes, la problématique est assez différente, mais le souci de conservation sous température dirigée reste identique.

Les pommes, riches en eau, se déshydratent rapidement après la récolte, ce qui se traduit à l'instar des poires et des bananes, par des échanges gazeux qui atteignent une intensité maximale lorsque le fruit est mûr avec une production d'éthylène. Des fruits récoltés trop tôt ne parviennent pas à maturation. S'ils sont cueillis ou ramassés trop tardivement, leur durée de vie est réduite.

Le choix de la période de récolte est donc déterminant pour maximiser la conservation. Les opérations post-récolte – réfrigération et atmosphère contrôlée - vont avoir pour objectif également de ralentir la maturation du produit dont l'évolution va dépendre de :

- la température,
- l'hygrométrie,
- la convection,
- le rayonnement.

Les principaux échanges vont se caractériser par une déshydratation, émission de dioxyde de carbone, absorption de dioxygène, formation d'eau, émission de produits volatils, notamment de l'éthylène.

L'entreposage va devoir respecter quelques règles simples telles que :

- Le triage des fruits sains pour ne retenir que les fruits exempts de meurtrissures qui ouvriraient la voie aux attaques bactériennes,
- La conservation de fruits de taille moyenne, car les gros fruits mûrissent plus rapidement et sont davantage sensibles aux maladies,
- La limitation au maximum du temps entre la période cueillette-mise au froid.

La conservation va s'effectuer (Ezzahouani mars 2010) à différentes températures et sur des durées différentes. Par exemple :

- Golden Delicious de 0° à 1°, conservation 7 mois (variété d'origine américaine)
- Belle de Boskop à 5° durée 3 mois (variété dite européenne).

En complément du refroidissement la technique de l'atmosphère contrôlée va consister à maintenir le taux de dioxygène et de dioxyde de carbone à un niveau choisi : le CO_2 sera augmenté de 10% tandis que l'O_2 sera abaissé de 5%. Cette modification a un effet entre autres sur les microorganismes qui dénaturent les fruits.

Des techniques ont pu être élaborées sans connaissances spécifiques par les agriculteurs par essais-erreurs et la simple observation. D'autres techniques plus élaborées comme la surveillance du niveau de chlorure de calcium sont inaccessibles. Mais la chambre froide, en tant que telle, n'est pas une invention contemporaine même si son essor date véritablement de l'après-guerre avec la mise en place en Occident d'une véritable révolution verte.

CHAPITRE 7

Le stockage sous l'angle de la gestion d'une entreprise développée

Dès la première Révolution industrielle, les entreprises ont commencé à optimiser les stocks de produits avec différentes optiques. En particulier l'industriel a dû prendre en compte le découplage entre le moment de la production et celui de la consommation du produit ; Ce décalage a été rapidement perçu dans tous ses aspects comptables et financiers. Une autre préoccupation a également émergé : l'incertitude. Incertitude des débouchés dans le temps, incertitude sur les prix, incertitude sur les délais de fabrications nouvelles. L'incertitude, en particulier sur les prix a amené des comportements spéculatifs. A la question : combien de stocks, l'industriel aura tendance à penser juste à temps et donc surdimensionnement de l'appareil productif pour éviter les risques de rupture. En revanche, le petit producteur reste dans une logique de maximisation de stocks de produits frais et s'il a la possibilité d'utiliser une petite chambre froide, alors sa marge brute va bondir d'un seul coup. De même à la question quand stocker, le petit producteur se trouve dans une situation à nouveau diamétralement opposée à l'industriel car il n'a pas à gérer de carnet de commande et doit s'efforcer d'absorber le stock maximum au fur et à mesure qu'il se présente, alors que l'industriel va déclencher une campagne de production sur une référence – et donc générer un stock - en fonction des commandes.

Un actif circulant

En comptabilité d'entreprise, le stock figure à l'actif du bilan, c'est-à-dire dans les comptes d'emploi. L'activité des entreprises génère des flux de matières et de produits finis qui se traduisent par des comptes de stocks.

Les stocks ont une influence sur les résultats de l'entreprise et les entreprises ont un intérêt crucial à gérer au mieux cet actif. D'un point de vue financier, il convient de le minimiser. D'un point de vue comptable, il peut valoriser ou diminuer les résultats donc se répercuter sur le niveau d'imposition de la société. Du point de vue de l'exploitation, il est capital de gérer au mieux les niveaux de matières premières disponibles en fonction des prévisions, de la saisonnalité de la production ou encore des perspectives de croissance. Du point de vue des ventes, les stocks constituent un élément rassurant pour faire face à des à-coups commerciaux et répondre constamment avec réactivité aux demandes des clients.

Ainsi, au sein de l'entreprise, la gestion des stocks concerne différents secteurs avec des objectifs contradictoires.

Si l'on résume les motivations des entreprises, les stocks sont motivés par :

- le lissage : les stocks permettent un ajustement contra-cyclique à très court terme ;
- l'accélération : un accroissement d'activité s'accompagne d'un accroissement des stocks à la façon du multiplicateur d'investissement ;
- une amélioration de la productivité : en phase de changement de système productif, d'amélioration significative de la productivité, temporaire ou de longue durée, l'occasion peut être saisie d'accroître les stocks ;
- la spéculation : l'entreprise peut anticiper des évolutions de ses ventes de produits finis et de ses achats de matières premières. Elle peut donc intégrer dans son analyse des décalages temporels dans ses ventes et achats, estimer des évolutions des cours des monnaies et ainsi augmenter ses recettes ou diminuer ses coûts.

Les stocks peuvent être interprétés comme des immobilisations si les stocks ont une vocation à rester au-delà d'une année dans les entrepôts.

Mais ils peuvent également être classés parmi les charges qui pèsent sur l'entreprise.

Ces considérations valent dans la situation des économies développées où les consommateurs, les producteurs et les marchés sont clairement définis. Dans une économie domestique, l'approche comptable est évidemment moins pertinente.

Un impact sur le bilan d'une entreprise

Une entreprise essaie en permanence d'arbitrer au mieux ses choix. Augmenter les stocks peut augmenter les capacités de réaction commerciale et donc apporter un dynamisme et un espoir de croissance plus important. *A contrario*, les stocks vont peser sur la capacité financière de l'entreprise, sa capacité d'emprunter auprès des banques, et donc d'investir. De même, avoir trop de stocks peut avoir un effet commercial négatif sur la demande de produits différents sur lesquels l'entreprise n'aurait pas de stock et l'entreprise peut avoir fait de mauvais choix et avoir investi en stockage sur des produits qui se vendent mal avec des prix en baisse.

Le coût de détention des stocks n'est évidemment pas négligeable. On peut considérer qu'en 2013 le stockage d'une palette Europe (800mmx1200mm) en France est de 10 euros pour un emplacement dans un rack sur une durée d'un mois, montant auquel il faut ajouter les coûts d'entrée et de sortie dans l'aire de stockage, 6 euros, les frais administratifs : 2 euros. Pour une palette congelée, le coût du stockage est de l'ordre de 20 euros par mois. Si le stockage est externalisé, ces coûts de loyer sont faciles à identifier. Ils le sont rarement pour des stocks internes.

Il faut enfin ajouter les frais de dégradation de stocks : obsolescence, détérioration physique des produits, dégradations liées à l'entreposage, tels des coûts de fourche de chariots élévateurs sur des emballages, renversement en cours de transfert, etc.

Les stocks ont un impact très direct sur le besoin en fonds de roulement (BFR) de l'entreprise puisque le BFR, en comptabilité, est le montant global du poste client et des stocks, dont on déduit le crédit fournisseur. Une fois le délai de règlement des fournisseurs dépassé, l'entreprise supporte pleinement le stock sur son besoin financier de très court terme.

Les stocks interviennent de façon plus positive dans le résultat mesuré annuellement de l'entreprise. En effet, au moment de l'inventaire, le stock de produits finis s'ajoute au chiffre d'affaires pour mesurer les résultats passés de l'entreprise : si les stocks se sont accrus durant l'année, le résultat de l'entreprise augmente, et vice versa. Le stock a donc un impact fiscal, mais la méthode de son évaluation n'aura pas d'incidence sur la trésorerie.

La méthode d'évaluation des stocks est différente selon qu'il s'agit de mesurer les approvisionnements en matières premières ou des produits finis. Dans le premier cas on intègre le prix d'achat hors taxes, les frais de douane, et ce que l'on appelle les frais accessoires d'achat, principalement les frais de transport. Dans le second cas, on ajoute les charges directes de production – les salaires – et les charges indirectes de production.

Il existe principalement quatre méthodes de valorisation des stocks :

1. la méthode du coût moyen pondéré : elle consiste à calculer le rapport du total des coûts d'acquisition sur les quantités acquises.
2. la méthode FIFO (first in, first out) : elle consiste à valoriser les sorties de stocks au coût de l'article le plus ancien dans le stock
3. la méthode LIFO (last in, first out) : elle valorise les sorties de stocks au prix de l'article le plus récent dans le stock
4. la méthode du coût d'achat identifié est utilisée pour les « éléments identifiables » (Vernimmen 2012)

Plus les stocks sont importants dans une entreprise et plus le résultat comptable s'en ressent de façon positive, mais parallèlement, plus le résultat de l'exercice est incertain et il y a toujours un côté spéculatif et arbitraire dans les règles de calculs des stocks. Une entreprise, par exemple, qui produit énormément en fin d'année, au moment où ses clients sont en vacances, gonfle très fortement ses stocks qui seront ceux de l'inventaire du 31 décembre pour l'élaboration du bilan. Ce ne sera pas cependant le reflet de son activité réelle.

Le stock, par les multiples façons de l'intégrer en comptabilité, est un curseur assez difficile à intégrer dans la gestion d'une PME. Le point de vue comptable est limité car contrairement à une facture, à un chiffre d'affaires, à un poste client, qui sont des indicateurs précis, le stockage nécessite une vision industrielle ou commerciale de terrain.

A fortiori, un petit entrepreneur de pays en développement n'aura pas l'outillage pour mesurer son BFR ou des ratios de stocks sur un chiffre d'affaires. Ce n'est donc pas dans la comptabilité qu'il faut rechercher les fondements de la prise de décision en matière de stockage mais dans la compréhension de son utilité.

Les fonctions du stock

Avec l'émergence du Juste à Temps dans les industries occidentales, le « zéro stock » est devenu un idéal, certes inaccessible mais un idéal tout de même vers lequel tout bon gestionnaire devait tendre. En réalité, dans une économie de subsistance, c'est totalement l'inverse : il faut pouvoir stocker le maximum et, le plus longtemps possible, il faut disposer de réserves. Y-a-t-il une opposition de ce point de vue entre les économies développées et les économies en développement. Ce n'est en fait qu'une apparence, mais ce qui est plus probable, c'est que le fait de promouvoir le Juste à Temps, le Kanban, les flux tendus, tout ce qui peut permettre de réduire les stocks, a conduit à délaisser la notion de stockage dans la théorie et le peu d'intérêt consacré au stockage a conduit de ce fait à délaisser ce sujet dans les économies en développement.

Le stockage soulève de multiples problèmes pour le petit entrepreneur : tenue d'inventaire, valorisation, problème physique de conservation, disponibilité, rayonnement des ventes…

En décomposant les problèmes, le stockage relève de différents domaines :

- l'inventaire relève du comptage et donc du système d'information qui va être mis en place ; l'informatique y prend rapidement sa place,
- la valorisation d'un stock relève de la comptabilité comme nous l'avons vu précédemment,
- le problème physique de stockage et de conservation relève de la technique de l'ingénieur,
- la question de localisation du stock relève de l'aménageur ou du logisticien qui aura à choisir un lieu d'implantation et le dimensionnement des surfaces de stockage.

Le premier problème auquel nous nous attelons est évidemment celui de la conservation et de ses conséquences pour le petit entrepreneur : être capable de conserver des fleurs écloses à Madagascar, est primordial pour les amener jusqu'au consommateur à 5000 km de distance. Sans couvrir d'aussi grandes distances, ce qui suppose déjà une logistique aboutie, la conservation d'une mangue permet de conserver une « valeur » marchande et ce premier résultat, en excluant toutes les autres considérations est au cœur du sujet. Partant de là, deux questions dans la théorie économique sont centrales :

- Pourquoi un produit perd de sa valeur dans le temps ?
- De quoi a-t-on besoin de se prémunir en conservant un produit ?

Les réponses sont assez simples : pour la première question il est possible de répondre par le découplage entre la production et la consommation. Pour la deuxième question, la gestion de l'incertitude est l'élément moteur dans la prise de décision du producteur.

Le découplage entre production et consommation

Pour sortir de l'ère de la cueillette, la première préoccupation de l'être humain a été de constituer des réserves d'énergie alimentaire pour prévoir des jours sans résultat au niveau de la chasse et de la cueillette. La non-coïncidence dans le temps de la production et de la consommation est une donnée fondamentale pour justifier le stockage.

De même, le groupe nomade comprend qu'en certains endroits, il va pouvoir cueillir, avec plus de résultats, des fruits. En d'autres, il va pouvoir mieux chasser certains gibiers. Il existe donc également un décalage dans l'espace entre la production et la consommation.

Le stock devient donc indispensable en ce qu'il résout le décalage entre la demande instantanée d'un produit en un lieu et sa consommation ultérieure à une certaine distance.

Deux variables fondamentales du stock sont donc le temps et la distance.

S'il s'agit pour un petit commerçant de vendre des peignes, des assiettes, des briquets ou des bâtons d'encens, le stock reste un bien certain et le distributeur peut se concentrer sur la nécessité unique d'écouler ce bien pour manger.

S'il s'agit de produits frais dont le stockage est plus délicat, le petit commerçant doit alors intégrer davantage la notion de temps et de distance. Il lui faut alors gérer ses ressources avec des contraintes supplémentaires :

« *Combien coûte une journée de stockage permettant de préserver la valeur marchande de mon produit ?* » cette question, en fait, le petit producteur va se la poser différemment : « *j'ai combien d'heures devant moi pour vendre ma marchandise ?* » ou encore « *si je me mets en route tout de suite, je vais pouvoir couvrir quelle distance pour vendre mon produit sans le détériorer ?* ».

Si un outil d'entreposage, telle une petite chambre froide, est immédiatement disponible, il va pouvoir desserrer la contrainte et se poser des questions un peu différentes : « *j'ai combien de jours devant moi pour vendre ma marchandise ?* » et encore « *comment je peux planifier mes déplacements pour aller le plus loin possible avec mon produit de telle sorte qu'il soit au mieux valorisé sur le marché ?* ». L'amélioration du niveau de vie du petit entrepreneur est donc dans la possibilité d'une meilleure régulation entre sa production et ses ventes.

Le soulagement dans le budget, la respiration que peut apporter une petite chambre froide constituent une première phase de croissance primordiale.

Au bout de quelques mois d'usage d'une chambre froide, le petit producteur s'habitue, suivant une courbe d'apprentissage, et commence à se poser d'autres questions sur la non-coïncidence dans le temps et l'espace entre la production et la consommation de denrées périssables.

Plus prosaïquement, il va commencer à arbitrer entre

- des coûts de transport,
- des coûts de maintenance de l'entreposage,
- des coûts de possession de son stock.

Il va également s'interroger sur les plages de temps qu'il va consacrer à la production, lesquelles normalement vont s'allonger. En effet, plutôt que de pêcher le matin très tôt, de revenir dans l'urgence avec quelques poissons à écouler sur le marché avant le déjeuner, il va pouvoir imaginer pêcher toute une journée, revenir le soir avec des bacs davantage remplis. Il va donc également arbitrer entre

- des temps de production,
- des temps de distribution, et ainsi optimiser ses journées.

A une autre échelle, il pourra intégrer la saisonnalité de ses produits et chercher par exemple à conserver plusieurs mois des légumes et des fruits.

Ces arbitrages seront, tout au long d'une seconde phase de développement, constants et resteront identiques dans les phases les plus évoluées de développement :

- coûts des transports selon les moyens utilisés et du nombre de tournées,
- coûts des entrepôts intermédiaires desservis selon leurs configurations,
- coûts de possession du stock (informatique, charges salariales, gestion des fluides, etc).

Et également :

- économies d'échelle réalisées sur des campagnes de production d'une référence,
- dimensionnement optimisé du système productif,
- rayonnement géographique de la distribution.

La gestion de l'incertitude

Tension sur les prix

Le deuxième aspect primordial qui justifie un stock est la gestion de l'incertitude.

L'importance d'un stock va nécessairement s'accroître avec l'incertitude du lendemain. Si une région devient politiquement instable, le petit producteur aura tout intérêt, en supposant qu'il puisse le faire, à accroître ses stocks.

Il le fera d'une première façon s'il ne peut se rendre sur le marché écouler sa marchandise. Il le fera également si une forte tension apparaît sur les prix : il va augmenter sa production dans la perspective de gains plus importants. Si le prix du manioc double, il est incité à en produire bien davantage, en dehors de toute considération pour ses congénères. Mais l'offre de produits peut se contracter – il devient difficile de produire – tandis que les stocks de précaution peuvent faire flamber la demande. Il s'agit alors d'un stock de spéculation.

Cette spéculation peut exister localement, au plus près du producteur et reposer sur des anticipations plus ou moins réalistes. De façon plus illusoire, elle existe en permanence sur les marchés internationaux en faisant l'objet de contrats à terme négociés par exemple à la bourse de Chicago. La spéculation mondiale sur le blé, le riz, le café, toutes les matières premières, a fait naître une économie virtuelle, pouvant contribuer à des crises financières.

La Banque mondiale publie chaque trimestre « *Food Price Watch* » pour surveiller le prix des denrées alimentaires. La volatilité des prix est régulièrement soulignée comme son influence sur les « situations de faim et de sous-alimentation dans le monde, mais aussi sur l'obésité qui se propage ». Des connections se sont créées entre produits et par exemple le cours du maïs est désormais très lié à la consommation d'éthanol.

De plus, les géants mondiaux du négoce de matières premières agricoles peuvent eux-mêmes être de gigantesques exploitants agricoles. Par exemple une firme française comme Louis Dreyfus Commodities détient et exploite plus de 180 000 hectares de terres agricoles dans le monde.

Le mauvais calcul d'un petit producteur, avec par exemple une guerre qui se terminerait plus rapidement que prévu, entraîne une chute des prix de vente mais pas nécessairement la ruine de ce producteur car il possède toujours son stock et s'il peut le conserver plusieurs mois, il peut supporter une forte baisse qui serait suivie immédiatement d'une remontée à un niveau normal de prix.

A l'échelon mondial, il en va tout autrement. Un petit producteur de café, exportateur, ne subira pas de la même façon une crise mondiale brutale, par comparaison avec un petit producteur de riz qui va écouler toujours localement sa production : la connexion aux cours mondiaux des matières premières et la volatilité des prix n'est pas la même dans les deux cas.

Tension sur les quantités

L'incertitude ne porte pas seulement sur les prix avec la spéculation qui en découle. Elle peut porter sur les quantités.

Dès lors, le producteur a intérêt à constituer des stocks de sécurité. Les quantités fluctuent sous l'influence de facteurs divers :

- climat,
- absentéisme,
- durée plus longue de réalisation d'opérations telles que par exemple le nettoyage d'une machine,
- problèmes d'approvisionnement,
- pannes et ruptures dans la production.

Les ruptures diverses dans une chaîne de production, se traduisent par des augmentations de coûts de production. Mais également, les stocks intermédiaires ou finaux, pour pallier les problèmes précédents, aboutissent à des accroissements de coûts liés aux stocks.

Ces stocks peuvent avoir comme résultat positif de découpler les problèmes qui peuvent survenir en cascade, une pénurie pouvant en entraîner une autre : par exemple, l'absence de fourniture d'électricité à certaines heures de la journée contraint à accroître des productions et à stocker : ce sera le cas de tous les process utilisant des moteurs électriques. Les producteurs vont augmenter les sorties de produits, avec un stock tampon, pour faire face aux pannes les plus graves auxquelles ils ont déjà dû faire face et continuer à approvisionner l'aval de leur production durant tout le temps d'absence d'approvisionnement électrique. Le producteur va intégrer la rupture d'approvisionnement la plus longue qu'il a connue dans son calcul de stock.

Tension sur les délais

Enfin, l'incertitude peut porter sur les délais d'obtention du produit. Le stock se forme sur la base de délais d'obtention jugés trop long par rapport aux besoins du client. Un client industriel pourra patienter trois à quatre semaines pour recevoir sa matière première. En revanche, en général en fin de chaîne, le consommateur final est plus souvent mû par l'immédiateté et il développe une forte sensibilité aux stimuli de l'environnement, avec la publicité en particulier.

Pour anticiper la consommation, le producteur va intégrer les délais imposés tout au long de la chaîne de production.

Le stockage et la spéculation

Comme nous l'avons vu, le stockage permet de répondre à différentes préoccupations qui se regroupent *in fine* autour de deux grandes fonctions (Giard 2005) :

- pallier l'absence de coïncidence dans le temps et dans l'espace entre la production et la consommation,
- gérer l'incertitude.

Nous avons évoqué pour l'entreprise élémentaire l'importance de pouvoir décaler la production de la consommation à travers des réserves. Le second aspect est également important, même s'il est moins visible pour des économies en phase de décollage.

Le stockage relève alors davantage d'une « psychologie », c'est-à-dire en réalité d'une estimation personnelle qui ne peut être supportée par aucun calcul de probabilité.

L'incertitude peut porter sur divers aspects. Les prix constituent un élément fondamental d'incertitude. Le pêcheur côtier sénégalais ne dispose pas au quotidien des dernières tendances sur le marché mondial des produits alimentaires, pas plus que son client qu'il va retrouver en fin de matinée pour lui vendre son poisson. Cependant, ils se mettent d'accord sur la valeur du produit échangé. Le plus souvent le prix pratiqué est celui de la veille. Ce comportement permet un gain de temps, facilite une confiance réciproque, fidélise les relations entre l'acheteur et le vendeur. Cependant, le vendeur espère améliorer son sort, tandis que l'acheteur espère pouvoir nourrir les siens sans inquiétude. Et donc, des négociations peuvent parfois intervenir.

Des paramètres entrent alors en ligne de compte :

- le temps est à l'orage et donc il est à parier que le lendemain personne ne sortira sa barque

- le marché est un peu plus désert que d'habitude ou au contraire il est beaucoup plus fréquenté et donc la marchandise va sans doute partir moins vite ou au contraire très vite
- la période est particulière : temps de jeûne religieux ou, au contraire, temps de fête
- les nouvelles du « monde » sont mauvaises.

Bref de multiples paramètres interviennent. Les modèles mathématiques d'arbitrage sur les marchés internationaux ne font rien d'autre que d'accumuler et pondérer des centaines de paramètres tenant plus ou moins compte de la météo comme de la psychologie des foules. On parle alors généralement de spéculation. L'origine latine du mot - speculor, observer d'en-haut – nous éclaire sur la recherche d'impressions d'ensemble pour se faire une idée de la situation.

L'incertitude porte également sur des quantités demandées et des délais d'obtention. On ne parle alors plus de stocks spéculatifs, mais de stocks de sécurité. Les stocks de sécurité vont permettre d'anticiper des situations très diverses dans une entreprise :

- pannes de machine
- absentéisme
- maintenance
- défauts de fabrication
- phase d'apprentissage

Ces stocks vont porter aussi bien sur des composants qui font l'objet d'un approvisionnement interne ou externe. Il est nécessaire de le constituer pour éviter des ruptures dans la production. Par exemple, pour le pêcheur, il pourrait s'agir d'avoir un filet de pêche de rechange pour ne pas interrompre le travail en cas de rupture des fils. L'absence de filet de pêche disponible, au milieu d'une sortie en mer a évidemment un coût pour le pêcheur, mais aussi à l'inverse, le stock d'un filet de rechange a également un coût.

La gestion des stocks : combien ?

L'émergence au Japon dans les années 80 – 90 du Juste à Temps, des flux tendus, du Kanban a mis en valeur les énormes avantages d'une gestion serrée des stocks. Depuis, cette conception est devenue une règle de base dans les process automobiles par exemple, et progressivement toutes les entreprises occidentales ont fortement amélioré leur gestion de stocks, lesquels sont généralement de plus en plus restreints.

Cet état de fait s'est propagé en corrélation avec des outils technologiques de plus en plus développés :

- des systèmes d'information performants, tels que les ERP, littéralement *Enterprise Resource Planning*, le planning des ressources de l'entreprise,
- mais également des machines plus fiables et plus performantes qui éloignent la crainte des pannes et réduisent la présence de personnel.

Il existe donc une cohérence entre les manuels de gestion de stocks, les idées développées dans les ateliers, les centres logistiques et les performances des entreprises.

Dans le calcul du niveau de ses stocks, le producteur va intégrer son niveau d'équipement : **plus il cherchera à travailler en juste à temps, plus il devra sur-dimensionner son équipement en outils de production** pour réagir rapidement et sans faille aux pointes d'activité.

La logique de surdimensionnement va à l'encontre de la notion de charge, voire de saturation de l'outil de production pour le rentabiliser. Le choix – surdimensionnement ou saturation de l'outil – relève alors d'un calcul économique de maximisation.

Par ailleurs, le producteur va également intégrer une notion de découplage de sa production. En particulier s'il gère un ensemble d'opérations successives, il va devoir éviter la propagation d'incidents. Si dans une chaîne les opérations A, B et C se succèdent et qu'au point A un problème de qualité se pose qui nécessite la mise au rebut des produits, alors aux points B et C, la production va rapidement s'arrêter.

Enfin, le producteur va intégrer la notion de déspécialisation dans ses ressources : polyvalence de l'outil pour passer d'une fabrication à une autre et polyvalence des opérateurs. Le Juste à Temps tend à éviter les stocks d'encours pour découpler les problèmes et privilégie la fiabilisation, la polyvalence et le surdimensionnement de son atelier.

Les quantités stockées vont devoir intégrer un panachage de choix stratégiques dans chaque secteur de l'amont – les matières premières – à l'aval – le produit fini – en passant par les stocks d'encours. Le producteur va trouver un équilibre entre production pour le stock et production tirée par la commande du client.

Pour le petit producteur qui doit stocker ses produits frais, la problématique présente des similitudes.

Tout d'abord le système d'information à mettre en place sera empirique, mais tournera toujours autour de deux logiques : soit l'inventaire permanent des produits dont il dispose, soit un inventaire périodique. Le coût ne sera pour lui qu'un temps supplémentaire choisi en gestion de ses stocks pour arriver à continuer à vendre des produits frais, non périmés.

L'incertitude qu'il doit gérer porte, de façon simple, tout d'abord sur sa capacité à produire : récolter, pêcher, cueillir, abattre des animaux, extraire un minerai, etc.

Il va dans la plupart des cas calquer sa disponibilité-temps sur sa production et produire le maximum. S'il sait qu'il doit vendre sur le marché à 11h, il faut qu'il termine sa pêche à 9h par exemple et donc connait exactement le temps maximum qu'il peut consacrer à son activité. Sa production va être assez aléatoire selon la météo ou d'autres éléments conjoncturels.

S'il dispose d'un petit entrepôt son organisation de production ne va pas changer. En effet, il va continuer à produire au maximum dans le temps qui lui est imparti, mais pourra vendre un panel plus large de produits.

Son stockage sera alors maximisé en matières premières c'est-à-dire ses produits frais. De ce côté, à la différence d'une unité de production industrielle, il va amasser le maximum de produits frais à vendre sans se poser de questions.

Dans une seconde étape, il vient dans son petit entrepôt de produits frais et emporte le maximum, au-delà évidemment de ce qu'il vient de récolter, de produits frais, non périmés.

Dans sa logique de stockage, il va accumuler le maximum dans son entrepôt jusqu'au dépérissement total de ses produits, en intégrant bien sûr le fait qu'il vendra peut être moins cher, avec des promotions, des produits qu'il faut consommer le jour même. Il va tenter des calculs rapides d'opportunités : *« est-ce que je prends les produits stockés depuis 1 jour, 2 jours, 3 jours en délaissant les produits stockés depuis 4 jours, sachant que si je ne prends pas au marché les produits J+4, ils seront invendables demain, mais si je les prends aujourd'hui, je vais les vendre moitié prix et je dois laisser dans l'entrepôt mes produits récoltés à J+2, que je peux vendre à un meilleur prix »*.

Il tentera ainsi une optimisation quotidienne de ses stocks en fonction de dates limites de consommation acceptables par ses clients et des quantités dont il dispose.

Enfin, il va devoir gérer une autre incertitude : ses ventes du jour sur le marché. A la différence d'une unité de production industrielle, il n'a pas de bon de commande et ne déclenche pas sa production en fonction de quantités prévisibles. Dans le cas présent, il est totalement dépendant de ses clients potentiels durant les quelques heures qu'il va passer sur le marché : il a pris dans son entrepôt le maximum de produits et il vend le maximum. Ses prix peuvent donc fluctuer d'une heure sur l'autre :

- *je baisse mes prix sur les carottes car elles sont stockées depuis plus d'une semaine et il faut même que je m'en débarrasse Ce sont les produits sur lesquels entre 11h et 13h, je vais faire varier le plus les prix à la baisse,*
- *je baisse un peu mes prix sur les stocks de produits J+2, J+3...*
- *je tente de monter les prix sur mes produits ultrafrais, récoltés aujourd'hui. En aucun cas, je ne baisse les prix car je sais que demain je peux encore les vendre à un prix raisonnable.*

L'axe central de la stratégie du petit producteur est donc à l'opposé de l'industriel : il stocke au maximum dans son entrepôt et écoule durant un nombre de jours maximal de jours de production.

Si par exemple il pêche des raies et qu'il est capable de les conserver en moyenne à 5°. Il va pouvoir les conserver – donc avoir l'opportunité de les vendre – pendant 6 jours.

Son offre sera la suivante. S'il vend le premier jour ses raies au prix de 120 Francs le kilo, les jours suivants il les vendra par exemple aux prix suivants

Jours	**1**	**2**	**3**	**4**	**5**	**6**
Prix au kilo	**120**	**100**	**90**	**80**	**70**	**20**

A supposer qu'au terme des 6 jours, il ait vendu la totalité de sa production de 10 kg quotidienne de façon équilibrée chaque jour. La recette finale moyenne sera alors

$$\frac{(1200+1000+900+800+700+200)}{6} = 800 \text{ F}$$

Cet échelonnement sur 6 jours permet de réduire voire d'éliminer complètement l'incertitude de la production et de la vente.

Si au contraire, les 10 kg de raies doivent être vendus le jour même, la vente s'effectue avec des contraintes supplémentaires :

- le client sait que le pêcheur n'a aucun moyen de conservation, il peut donc exercer une pression à la baisse au fur et à mesure que passe le temps.
- Le pêcheur n'a pas 6 jours mais peut-être 2 heures pour écouler son poisson frais, qu'il devra jeter à 15 heures, ou sécher.

Prix de départ au kilo à 11 h : 120 Francs

Heures	**11h**	**12h**	**13 h**	**14h**
Prix au kilo	**120**	**100**	**60**	**20**

L'incertitude pèse alors au maximum : il n'a pas tous les jours 10kg de raies à vendre, certains jours il en a 15, certains autres il en a 5 kg. Mais au global, il ne va en vendre que 60% sur la totalité, soit 450 F car globalement il peut espérer tout vendre le jour où il a 5 kg de raies, mais le jour où il arrive avec 15kg, il ne vendra peut être pas tout ou devra diminuer d'emblée les prix pour aller plus vite dans la vente.

En effectuant des calculs plus complets avec stocks et sans stocks sur 6 jours, voici un exemple de revenus :

journées de pêche		J1	J2	J3	J4	J5	J6	J7	J8	J9	J10		
poids pêché (kg)		10	5	15	5	15	5						
		poids vendu au fil de 6 journées de vente d'une pêche											
prix de vente (F) en fonction de la fraicheur du poisson	120 F	1,67	0,83	2,50	0,83	2,50	0,83						
	100 F		1,67	0,83	2,50	0,83	2,50	0,83					
	90 F			1,67	0,83	2,50	0,83	2,50	0,83				
	80 F				1,67	0,83	2,50	0,83	2,50	0,83			
	70 F					1,67	0,83	2,50	0,83	2,50	0,83		
	20 F						1,67	0,83	2,50	0,83	2,50	0,83	
recette totale		200	267	533	558	792	717	567	383	258	108	17	4 400

Dans un premier temps, nous considérons les recettes d'un pêcheur qui dispose d'un outil de stockage. Nous étudions une période de production de 6 jours.

Il vend un produit pendant 6 jours, en diminuant régulièrement le prix de ce produit du fait d'une qualité qui se dégrade un peu chaque jour : le premier jour il vend son kilo de poisson 120, son poisson est ultrafrais, puis le lendemain, il le vend 100 et ainsi de suite, alors que la pêche du jour est encore vendue au prix de 120, etc. L'épuisement total de ses produits pêchés sur 6 jours intervient à la fin de la 11e journée. Avec les aléas de la pêche, dans l'exemple considéré, il va gagner au final 4400 sur 55 kg de poisson pêché.

On peut remarquer que le premier jour, il ne vend que 1/6e de sa pêche, mais ne cède pas sur les prix pendant le déroulement de la vente entre 11h et 14h, car il sait qu'il peut revenir le lendemain avec le même poisson. Donc ses recettes sont finalement peu élevées le premier jour.

Prenons cette fois, l'exemple du pêcheur qui ne peut conserver son poisson. Il est contraint de vendre chaque jour tout son poisson. Le prix va baisser rapidement entre 11h et 14h.

journées		J1	J2	J3	J4	J5	J6	
poids pêché		10	5	15	5	15	5	
horaires du marché	prix de vente							
11 heures	120	180,00	90,00	270,00	90,00	270,00	90,00	
midi	100	150,00	75,00	225,00	75,00	225,00	75,00	
13 heures	60	90,00	45,00	135,00	45,00	135,00	45,00	
14 heures	20	30,00	15,00	45,00	15,00	45,00	15,00	
	recette totale	450	225	675	225	675	225	2 475
proportion vendue	60,00%							

Au bout de 6 jours, sur 55 kg de poisson pêché, il n'en a vendu que 60% et il a dû, chaque jour sacrifier ses prix à la fin du marché. Au total sur l'ensemble du poisson pêché, il n'obtient que 2475 F de recettes. Même s'il arrive à vendre 80, 90% de son stock, voire 100%, il subit tout de même une dépréciation liée à l'écoulement du temps sur le marché.

Dans cet exemple, avec 60% de poisson vendu, ce qui correspond à un gaspillage relativement classique, il perd pas loin de 50% de marge brute.

Lorsque le pêcheur passe d'une situation sans stock à une situation avec stock, il augmente sa marge brute de 77%.

Le résultat est donc très significatif et cumulatif, jour après jour.

Deuxième question : quand ?

Le point de commande

Dans une économie industrielle, en même temps que se pose la question de savoir combien stocker, se pose également la question de savoir quand faut-il faire des stocks.

Deux approches peuvent être identifiées. Soit le producteur déclenche les stocks au moment où il met en route la machine et à ce moment-là, il remplit son entrepôt jusqu'à une limite physique choisie : nombre de palettes stockables par exemple dans l'entrepôt. Soit le producteur attend la commande et produit pour expédier immédiatement, le stockage ne dure alors que très peu de temps. Grâce à un outil fiable, probablement surdimensionné, il va pouvoir rapidement satisfaire la demande. Son stock sera bref et ne durera que le temps de réalisation de la totalité de la commande.

Le petit producteur de produits frais est sur une problématique différente. Il n'a pas de carnet de commande et adapte sa situation à deux éléments dont il est dépendant :

- la quantité produite au quotidien,
- la quantité vendue au quotidien.

Certes, il peut maîtriser la surface cultivée de son lopin de terre, dans la limite de ses capacités physiques, mais au quotidien, il ne sait pas exactement quand ses tomates seront mûres ou quand il pourra cueillir ses lychees. Dès qu'il a un produit disponible, et de façon routinière, il a intérêt à tout mettre dans son lieu de stockage.

La stratégie qu'il doit alors définir est de considérer la période de l'année où il va avoir le stock maximum disponible et de calibrer le volume de son entrepôt en fonction de cette période. Donc son entrepôt sera le reste de l'année probablement surdimensionné. Mais c'est en même temps cette surdimension qui va lui permettre de progresser d'une année sur l'autre.

De même, l'autre élément d'incertitude est la vente qu'il va faire sur le marché. Certes, il peut avoir de bons clients qui vont lui demander quand il aura à disposition tel ou tel produit et donc le petit producteur peut mettre de côté des produits dont il a une vente assurée.

De même, il peut disposer d'un système de stockage complémentaire : son lopin de terre. En effet, **le premier lieu de stockage est bien le terrain sur lequel il cultive ses produits** : il dispose ainsi de pommes sur un arbre pendant 6 ou 8 semaines : il peut les cueillir ou les laisser pour le lendemain selon les estimations. De même, il peut laisser ses carottes en terre pendant quelques jours supplémentaires.

Enfin, il peut aussi essayer de déplacer le stock chez son client. Il va pour cela faire des groupages de produits : une promotion par exemple sur des quantités vendues plus importante : une botte de carottes achetée pour une deuxième à 50% du prix. Ainsi, le consommateur qui n'a pas besoin immédiatement de la deuxième botte va stocker chez lui. C'est une façon d'étaler les stocks à trois niveaux les produits : dans la terre cultivée, dans un petit entrepôt, chez le client.

Les flux d'entrée

Dans le cas d'un petit producteur de produits frais, le flux d'entrée en stock est caractérisé par un paramètre important : le délai d'obtention du stock, c'est-à-dire le temps qui sera nécessaire entre la décision de stocker et l'achèvement du stockage. Il peut être relativement certain, mais également parfois aléatoire. Les récoltes de mangues sont relativement certaines – les fruits qui mûrissent sont visibles. En revanche, la pêche du jour est assez aléatoire. Le producteur va donc développer des stratégies diverses pour assurer son approvisionnement. Il va devoir ajuster son offre en fonction des connaissances passées et donc il existe en matière de stockage une véritable courbe d'expérience. Les entreprises modernes développent des modèles économiques sophistiqués qui tiennent compte de multiples variables telles que le niveau de stock moyen, le niveau de recomplètement, la gestion calendaire, le nombre de commandes passées sur une période, etc. Ce type de gestion est rarement parfait et peut conduire à des effets pervers.

Pour un petit producteur, une véritable courbe d'expérience va être acquise au fil des années, qui sera fonction du volume de stockage de produits frais dont il disposera.

Pour gérer ses entrées, il pourra mettre en place des outils simples comme la technique des deux casiers. On retrouve cette technique dans des métiers divers et de façon assez proche par exemple dans des pharmacies. Le producteur de façon schématique va utiliser les produits d'un seul casier et au moment où il entame le deuxième casier déclenche une commande ou un réapprovisionnement.

Pour faire entrer ses produits, il utilisera en fait différents paramètres : le résultat moyen des ventes lissé sur plusieurs jours de marché, la météo, la saison, le résultat moyen lissé de ses approvisionnements sur plusieurs jours.

Le stock en macroéconomie est généralement considéré comme un élément d'ajustement : les stocks augmentent en phase de croissance, au moment où après un mécanisme de « liquidation » décrit par Juglar (Montoussé 2010), les prix repartent à la hausse et les crédits sont au plus bas – c'est la première phase du cycle. Les premiers à profiter de la situation nouvelle sont alors les grossistes et marchands. Par ailleurs les entrepreneurs sont poussés à investir en s'endettant. Le retournement survient avec une baisse des prix qui pousse à réduire les stocks.

Cette présentation – pleine de bon sens – reflète une partie de la réalité seulement car évidemment au quotidien les entrepreneurs ne peuvent se rendre compte de l'augmentation collective de leurs stocks. Si les affaires marchent, ils anticipent les commandes et s'adaptent aux ventes futures, mais dans une limite très étroite qui doit tenir compte du prix du stockage. Ce ne peut donc être qu'une approche de très court terme en fonction du carnet de commandes immédiat. Dès lors les stocks s'ajustent en permanence.

Keynes observe également que les stocks constituent la variable d'ajustement. L'écart entre la dépense effective et la dépense prévue est l'investissement en stock (Keynes 1936).

Les flux de sortie

Pour puiser les marchandises dans son stock, le petit producteur va devoir s'interroger quotidiennement et modéliser à sa façon la demande potentielle. Elle peut être connue de façon certaine – il a une clientèle fidèle – ou être assez aléatoire et, dans ce cas, il devra parier sur une distribution de probabilités de cette demande.

Sur une longue période, il observera le dynamisme de la demande ou au contraire vérifiera son aspect statique.

Un élément qui va également entrer dans l'évolution de la demande est le cas des demandes non satisfaites. Il est possible que le producteur rattrape les insatisfactions de ses clients qu'il n'aura pas pu servir dès le lendemain : le client peut décaler sa consommation de mangues ou de poisson et reporter sur d'autres produits ses achats. En général, il n'aura pas à souffrir d'une carence d'un produit frais s'il peut se réapprovisionner ultérieurement. Une lacune prolongée dans un type de produit peut cependant créer de nouveaux entrants sur le marché et donc développer une concurrence. Il devra donc rester sur ses gardes et être vigilant à l'évolution du marché et au positionnement de ses concurrents.

Flux tendus : principes de minimisation des stocks

Dans les années 70, a émergé un nouveau concept en gestion de production industrielle : le Juste à Temps (Ohno 1978). Il est venu en contradiction avec le concept fordiste de production de masse, uniformisant, pour développer des approches de production en petites séries. L'idée a commencé à dépasser les frontières de Toyota à partir de la première crise du pétrole en 1973, lorsque cette firme a su faire preuve d'une exceptionnelle capacité de croissance alors que la croissance était à peu près partout au point mort dans le monde industrialisé. Peu à peu le sujet a été travaillé en profondeur pour assigner à ce système des objectifs de qualité, de productivité, de nouvelles relations avec les fournisseurs, de lissage de la production (Lamouri and Thomas 1999) . Le kanban – littéralement « étiquette » – a été une traduction concrète dans les ateliers de l'approche du juste à temps. L'originalité du kanban est de tirer la production de l'aval et non de l'organisation amont : c'est la partie exécution et donc la consommation réelle du client qui tire les commandes de matières premières ou intermédiaires (Liker 2009).

Taiichi Ohno a pu s'inspirer d'un modèle ancien de gestion des approvisionnements dans les échoppes japonaises. Celles-ci étaient de très petite taille pour une offre très diversifiée d'alimentaire et de non alimentaire. Par conséquent, pour les objets les plus encombrants, il fallait envisager un approvisionnement à l'unité : par exemple une bicyclette, une brouette.

Cet approvisionnement en juste à temps des échoppes intègre également une notion de coûts : le stockage de plusieurs vélos immobilise la trésorerie du commerçant, même si l'achat de plusieurs vélos permet de faire baisser les prix.

On la retrouve aujourd'hui encore dans les pays en développement. Cette notion, Abhijit Banerjee et Esther Duflo (Banerjee and Duflo 2012) l'évoquent en décrivant l'inventaire d'une épicerie de village du Karnataka rural en Inde. Le magasin est tout juste une pièce consacrée à cette activité qui n'offre pas de potentiel de développement : les clients viennent parfois pour acheter une cigarette ou quelques bâtons d'encens.

L'absence de stockage a été et reste dans les pays en développement une obligation de gestion des ressources financières disponibles et non une démarche stratégique de juste à temps. Mais le fait est intéressant car il montre bien que la gestion aval par la demande client, n'est pas une gestion de pauvre, mais une façon optimisée de gérer : les millions d'entrepreneurs pauvres qui ont ouvert une échoppe, la gèrent au mieux avec des principes de base de juste à temps. Dans ce cas présent, leur capabilité n'est pas à mettre en cause pour définir leur situation de pauvreté.

Ces échoppes ne sont pas un détail de la vie économique de pays en développement ou développés. Barnejii et Duflo (Banerjee and Duflo 2012) relèvent que sur une base de données portant sur dix-huit pays, en moyenne, 44% des familles extrêmement pauvres des zones urbaines gèrent une entreprise non agricole, dans les campagnes, cette proportion est encore de 24% en moyenne. Dans les pays de l'OCDE 12% des actifs se définissent comme des travailleurs indépendants.

Le principe de minimisation des stocks est donc à la fois un principe de gestion moderne et tire également ses origines dans une gestion de pénurie de liquidités et dans une optimisation calculée de l'offre. *Si mon voisin vient m'acheter une cigarette* pour reprendre le témoignage d'Ester Duflo et d'Abjihiit Banerjee, *alors que j'ai en stock un paquet de cigarette, c'est que mon offre est correctement calée sur le niveau de consommation de ma zone de chalandise.*

Les échoppes sont dans leur configuration générale un maillon de la distribution des produits. Elles ont progressivement accompagné le développement des pays jusqu'aux évolutions récentes des formes de distribution de produits par internet par le biais de plates-formes d'accès aux produits locaux.

L'idée d'accroissement des stocks défendue dans cette thèse va donc en apparence à l'encontre du modèle de développement des échoppes à travers le monde. En réalité, deux différences de taille ont déjà été esquissées par rapport aux échoppes :

- nous abordons le thème du producteur et non du distributeur,
- nous envisageons la possibilité de prolonger la durée de conservation de produits périssables et donc vendus avec un potentiel inutilisé de valorisation.

Origine historique du stock comme résidu

Pourquoi les auteurs classiques expriment-ils le stock en termes de variable d'ajustement et ou résiduelle ? On peut y voir au moins deux raisons. Tout d'abord comme nous l'avons vu, le stock est un élément calculable historiquement depuis l'antiquité, par l'administration qui peut donc lever plus facilement un impôt sur un stock que sur une production qui disparaît aussitôt qu'elle est vendue. Deuxième point, dès la première révolution industrielle, la production est apparue plus rationalisée, dans des fabriques, mieux organisée et donc les produits ont pu plus facilement être comptés en sortie machine. Les stocks de produits industriels ont commencé à prendre un sens. Tout naturellement, il a fallu les différencier de la production totale comme une production non encore vendue. Le sens majeur du stockage comme partie intégrante de l'organisation productive pour assurer le développement d'une activité économique a donc brutalement laissé place à un élément purement comptable, sous forme de résidu, à limiter au maximum.

Les flux tendus : une approche très parcellaire de la gestion de production

Dans une économie dont le marché est très développé, l'optimisation des stocks est un objectif louable dans la mesure où, à chaque niveau de production d'approvisionnement de stockage, le producteur minimise la quantité de produits achetés et donc diminue les immobilisations financières qu'elle représente, tout en limitant le plus possible l'obsolescence des produits. Cette préoccupation a donné naissance à de nombreux outils de gestion industrielle sous les termes de « pull production », « flux tendus », « just in time ». Cette approche relève du bon sens car plus la production tourne vite sans stock plus la trésorerie de l'entreprise s'améliore et plus le cash-flow augmente.

Mais cette approche montre vite ses limites et ne peut constituer pour l'entrepreneur l'étape ultime du développement. Il s'agit d'abord et avant tout d'un élément parmi d'autres qui s'intègre dans une démarche de qualité totale, démarche qui connaît elle aussi ses évolutions : lutte contre la pollution, préservation de l'environnement, satisfaction du client, prise en compte de l'impact carbone, multiples normes iso, etc.

TROISIÈME PARTIE

Les chocs positifs

Pour mettre le stockage au cœur des mécanismes économiques, un retour sur l'histoire est particulièrement fructueux : depuis les périodes les plus reculées, le stock a constitué un élément déterminant de la survie et de l'organisation de la collectivité. Le stock, qu'il apparaisse sous forme confinée (silos, greniers, glacières) ou non confinée (cribs…), est indispensable pour l'agriculture (semis, soudure), il est au cœur de l'unité de production, de consommation et d'échange, il est le pivot de l'économie tributaire.

Favoriser le développement du stockage dans les pays relativement dépourvus d'outils élémentaires de conservation nécessite de s'inspirer de modèles historiques. Le moulin à vent est à cet égard un exemple intéressant. Il cumule divers critères historiques de succès : faible emprise au sol, faible capital, enjeu important, apprentissage aisé, innovation échappant temporairement au droit, période de recherche énergétique intense… Le moulin a permis également de créer une dynamique intéressante, remettant en cause la structure sociale dans ses divers aspects : juridiques, fiscaux, institutionnels en faisant émerger de nouveaux acteurs et en débloquant la société. Il a permis également d'apporter un levier de croissance sur une longue période.

Les évolutions plus récentes mettent en évidence l'apport incontestable de la maîtrise du froid dans le développement des économies occidentales. Une meilleure gestion de la chaîne du froid, en particulier depuis la fin de la Deuxième Guerre mondiale, a contribué à libérer une part significative de la sole agricole et donc de proposer sur le marché de nouveaux produits : la production de pommes a par exemple été multipliée par 5 dans cette période en France. Le volume frigorifique industriel est aujourd'hui de 300 litres par habitant pour l'Hexagone, c'est dire la place prise par la chaîne du froid dans les stocks, le transport et donc le développement économique occidental.

Les expérimentations de nouveaux outils de stockage sont utiles aujourd'hui pour résoudre les problématiques de conservation dans les pays en développement, mais restent insuffisamment abouties, peu adéquates et peu comprises dans leurs potentialités.

CHAPITRE 8

Les stocks dans l'histoire humaine

Le stockage durant la protohistoire a pris deux formes complémentaires : l'accumulation en atmosphère confinée et l'accumulation à l'air libre. La première forme a essentiellement eu pour finalité de préserver sur le moyen terme :

- les semences,
- la consommation familiale,
- la consommation sociale en période de disettes ou de famine,
- le commerce.

Le stockage à l'air libre, quant à lui, a une finalité plus souvent brève pour la consommation domestique.

Le stockage est tout à la fois un enjeu vital et comporte des risques.

C'est tout d'abord **une réserve énergétique pour nourrir hommes et animaux.** Avant même le développement de l'agriculture, les hommes ont cherché à épargner les fruits de leur cueillette et de leur chasse. Le stockage est donc une très longue histoire étroitement liée au développement de l'humanité.

Cependant, si le stockage est une évidence pour la paléo-histoire économique, une question centrale se pose sur l'incapacité contemporaine de préserver les récoltes sur de larges régions de la planète.

La confrontation entre des économies monétaires et marchandes très développées avec des économies de subsistance est une première réponse. En effet un stock dans une économie développée est **un capital liquide**. C'est une richesse qui théoriquement peut se transformer en monnaie. Pourquoi ce capital est-il rigide dans les économies en développement ? L'histoire des techniques et l'histoire économique peut nous apporter un éclairage.

Par ailleurs, le stock est au cœur de l'organisation d'une société. A l'époque coloniale, il a été par exemple un enjeu de pouvoir. On parlait dans les villages africains du « grenier du commandant ». Enjeu de domination, enjeu de pouvoir, enjeu d'organisation, le stock a permis de structurer les liens sociaux dans les sociétés non marchandes ou peu marchandes.

Enfin et de façon complémentaire, le stock a été le premier moyen de lever l'impôt pour assurer un développement autre que local. De par sa visibilité, le stock est l'objet de convoitises.

Donc de façon passive, le stock est une réserve de valeur, une forme d'assurance. De façon active, il constitue un levier économique de développement et d'organisation collective.

Ramener le stockage à un simple paramètre comptable dans les entreprises contemporaines est donc un leurre : le stock n'est pas une simple variable de coûts à minimiser.

Dans cette partie historique, il convient de montrer l'importance du stock depuis la protohistoire.

Le stockage est indissociablement lié à toute forme primitive d'activité économique, avec une place physique et sociale, beaucoup plus visible qu'aujourd'hui. Le montrer revêt une importance particulière pour retrouver les ressorts du développement économique dans les pays les moins avancés et comprendre les carences, versus la dynamique, du stockage.

Le stockage des denrées alimentaires repose depuis la naissance de l'agriculture sur des principes simples :

- assurer la soudure alimentaire entre les récoltes,
- prévoir les semences,
- adapter le matériel de stockage aux variétés de produits et au climat.

Le stockage est un élément essentiel de la survie d'une communauté et donc sa gestion et sa place dans l'économie vivrière se situe au premier plan. Une multitude de documents d'inventaire archéologique atteste de la place du stockage dans l'économie quotidienne :

- Dans la Carte archéologique de la Gaule, par exemple, au tome 2, (Pichon 2002) on trouve des plans qui divisent l'espace occupé par l'homme en trois parties : l'habitat, la zone d'activité, le stockage
- Des silos parfois imposants démontrent que le stockage peut dépasser le cadre de la famille nucléaire et alimenter un groupe

plus large comme des fouilles l'ont attesté au Nord Est de l'Espagne (Gorgue 2008). A Mas Bosca (Badalona, Espagne), une cavité de 4500 litres voisine avec divers modes de stockage complémentaires, d'amphores par exemple. Au total, ce sont 10 à 20 personnes qui peuvent vivre sur cet habitat, en trois ou quatre familles.

- A Wadi el Natouf, près de Tel-Aviv on retrouve des silos souterrains de stockage de céréales datant de 9000 avant notre ère (Dumont 2001).

La paléo économie est liée à une modification de la paléo écologie : dès l'instant où l'homme est passé du stage végétarien de la cueillette au stade de l'absorption d'aliments carnés, plus énergétiques, il a gagné du temps dans la quête de sa nourriture. La pression démographique l'a par ailleurs progressivement incité à s'organiser différemment : il a commencé à « stocker » les animaux vivants, ce fut l'élevage, et à stocker des végétaux qu'il cultivait. Une communauté plus importante est devenue nécessaire, l'habitat fixe a fini par s'imposer face aux chasseurs. Ce conflit entre agriculteurs/éleveurs et chasseurs a probablement perduré des milliers d'années pour que s'organise une gestion de l'espace. 14 000 ans avant notre ère, on retrouve des traces de guerre à Wadi-Halfa, au Soudan (Dumont 2001).

Stockage en atmosphère confinée : silos, greniers, celliers et glacières

L'organisation du stockage est multiforme dans les atmosphères confinées. Dans chaque région, la cellule économique de base adapte son organisation avec des formes de stockage variées, mais toujours centrales dans la vie quotidienne.

Voyons tout d'abord les effets recherchés consciemment ou obtenus inconsciemment par nos ancêtres.

Les effets thermodynamiques recherchés dans le confinement

L'eau a une tendance naturelle à s'évaporer de façon à atteindre un équilibre avec la pression de vapeur (brouillard+gaz) dans l'air ambiant et ceci dès les températures ambiantes, sans attendre le point d'ébullition. Ce phénomène thermodynamique a été de longue date utilisé dans des systèmes de refroidissement. Il suffit de faire circuler de l'air chaud et sec à travers des membranes humides avant de le conduire dans un espace à climatiser. Une partie de l'eau va ainsi s'évaporer en absorbant la chaleur dans l'air qui se refroidit.

L'évaporation refroidit la surface de l'eau et ainsi diminue sa pression de vapeur qui arrive progressivement en équilibre avec la pression de saturation dans l'eau et donc le taux d'évaporation diminue, tandis que dans le réservoir l'eau circule de façon à faire descendre l'eau froide et remonter l'eau plus chaude. A terme, un équilibre se constitue avec une eau plus froide que l'atmosphère ambiante.

Le constat d'une eau plus froide en surface a été mis à profit par exemple en conservant des produits tels que le beurre dans des paniers descendus dans des puits juste au-dessus de l'eau.

Ces effets sont relativement significatifs. Sans entrer dans les détails de calculs, si la température au-dessus d'un lac est de 25°, par exemple, l'équilibre entre les phases de l'air et de l'eau sera atteint avec des effets très différents selon l'humidité ambiante :

- A 10% d'humidité relative de l'air, la température d'équilibre de l'eau sera négative -8°C.
- A 80% d'humidité relative, la température de saturation de l'eau sera de 21,2°C.
- A 100% d'humidité relative, cette température de surface restera de 25°C.

Ces chiffres constituent des données théoriques, car dans la réalité un lac ne va pas geler en surface avec un air très sec. La convection de l'air chaud au-dessus du lac va l'en empêcher. Néanmoins la surface de l'eau va tout de même baisser en température.

Les méthodes et matériaux du confinement

Essentiel pour tenir un siège, le problème des réserves à grains a été souligné par Philon de Byzance qui distingue trois types de réserves à grains dans son traité de poliorcétique (Amouretti 1986).

- les **silos** creusés. Il conseille d'« enduire leur fond sur quatre doigts d'épaisseur d'argile bien pétrie et mélangée à la paille hachée, et [d'] enduire leur pourtour d'amurque [marc d'olives pressurées]. On fermera avec un cône de briques enduites d'argile » ;

- les **greniers**, constructions aériennes en bois avec des ouvertures pour l'aération, dont les murs et le plancher sont aussi enduits d'amurque ;
- les **celliers voûtés** en pierre. Pour faciliter la conservation, on place au centre un vase rempli de vinaigre, dans lequel on ajoute des produits tels que foie de cerf, fenugrec broyé ou origan dont l'odeur forte était censée éloigner les rongeurs. Palladius dans son *De re rustica* : proposera des feuilles de coriandre ou de l'herbe aux moucherons, sèche, étendue sous le blé.

La recherche de matériaux isolants est une préoccupation primitive constante. Le producteur doit pouvoir utiliser des matériaux locaux et ce qui est à portée de main est le plus souvent un assemblage de paille et d'argile. L'agriculteur y ajoute selon les possibilités un traitement contre les animaux. Ainsi, décrivant des greniers, Varron, organisateur des premières bibliothèques publiques de Rome et auteur de *De Agricultura* (Varron 1978) explique « que les murailles et le sol en soient revêtus d'un mastic composé de marbre pilé, ou du moins de glaise mêlée à de la paille de froment et du marc d'huile. Cet enduit préserve les greniers des rats ou des vers et contribue en même temps à donner au grain de la consistance et de la fermeté ».

L'argile, premier moyen d'isolation est souvent accompagné de paille. La paille n'attire pas les nuisibles lorsqu'elle est sèche, contrairement au foin. La paille reste un isolant efficace encore très usité.

L'argile a également donné naissance à la brique. L'origine de la brique remonterait à sept mille ans avant J-C, dans la région du Tigre et de l'Euphrate. Son utilisation se généralisa au IIIe millénaire, comme matériau de construction, lors de l'ère de sédentarisation de l'Homme.

Pendant longtemps, la brique (appelée « adobe ») était simplement moulée puis séchée au soleil, pour la rendre plus résistante. La brique crue permettait de monter des habitations ou des monuments, mais restait fragile et résistait mal aux intempéries. La cuisson de la brique fut expérimentée 2500 ans avant J.-C., en Mésopotamie et dans la vallée de l'Indus. La cuisson permit de réaliser des constructions plus imposantes.

Les roseaux, moins intéressants pour leurs qualités d'isolation, résistent au temps notamment en raison de leur teneur en silice. Les roselières se développent en milieux humides, dans les tourbières, les ripisylves, les peupleraies, les prairies humides, sur des substrats riches en alluvions argileuses ou sablo-argileuses. D'une hauteur qui peut atteindre jusqu'à 4m, le roseau présente l'intérêt de repousser très rapidement.

Les silos

Le silo est tout d'abord une fosse à embouchure rétrécie creusée dans le sol. Il constitue le mode de conservation des céréales en atmosphère confinée le plus approprié. Une fois la fosse remplie de grains, on scelle hermétiquement l'embouchure à l'aide de terre ou d'argile, afin d'isoler le contenu de l'air extérieur, de l'humidité et des insectes. Le grain va continuer à respirer et consommer l'oxygène contenu dans le silo tout en rejetant du gaz carbonique. Peu à peu, en l'absence d'oxygène, les grains vont entrer dans une phase de dormance qui favorisera une conservation de longue durée tout en gardant leurs capacités germinatives.

L'utilisation du silo est connue, dans le sud de la France et en Espagne, dès le début de l'agriculture au VIe millénaire AC. Certains chercheurs ont même supposé qu'il avait précédé l'agriculture et qu'il protégeait dans un premier temps, le fruit de cueillettes sélectives. En Espagne des silos datés du Néolithique ancien ont été signalés dans le Nord-Est de la Péninsule (Garcia and Meeks 1997).

De nombreux agronomes de l'antiquité s'y sont intéressés et les ont décrits : Philon de Byzance, Xénophon, Varron, Columelle, Pline... Dans les descriptifs, on y parle également de puits.

Le sol de ces puits est couvert de paille. Ils sont entièrement fermés et aucune humidité n'y pénètre. Sauf en cas de recours à la réserve, l'oxygénation est exclue et donc les charançons et autres insectes ne s'y développent pas. Le blé dans ces puits peut, dit-on, s'y conserver 50 ans et le millet peut-être 100 ans. Sans connaître le phénomène de production de gaz carbonique et d'élimination de l'oxygène de ces silos souterrains, un auteur comme Varron explique bien que « ceux qui ont leur blé sous terre, dans des caveaux appelés *σειροί*, ne devront y entrer qu'après les avoir laissés ouverts quelque temps. Car si on voulait s'y introduire immédiatement après leur ouverture, on courrait le risque de suffoquer, comme il en est des exemples » (Varron 1978).

Le silo est donc plutôt destiné à des réserves de long terme plutôt que pour des stockages à court et moyen terme. Il est caractéristique des zones de grande production plus que des sites de consommation et de redistribution.

Selon les périodes, le silo sera très largement répandu ou au contraire abandonné. Par exemple en France méditerranéenne l'ensilage sera abandonné durant les deux premiers siècles de notre ère. Ce mode de conservation est parfois apparu comme un principe barbare qui gâtait le goût des pains à pâte levée. Mais il faut aussi noter que ce système est peu compatible avec un contrôle administratif des réserves. On vante encore les mérites de l'ensilage en atmosphère confinée au XIXe siècle (Tardieu 1862). Mais bien évidemment les zones de possible ensilage souterrain sont soumises à des conditions climatiques favorables.

Les greniers

L'usage de greniers de réserves agricoles est attesté par de nombreuses fouilles archéologiques. L'intensité de ce type de construction dépend également des zones et aussi des époques. De façon probable, des greniers sur poteaux ont existé dès l'âge de Bronze (entre 1800 AC et 700 AC). La différence de taille soulevée par Columelle (Columelle 1993) est simple : « lorsqu'on a rien à craindre de l'humidité, le blé peut se conserver dans des fosses creusées en terre, ainsi que cela se pratique dans quelques provinces d'outre-mer [...] Pour nos contrées qui ne sont que trop sujettes à l'humidité, nous préférons des greniers construits au-dessus du sol ». On peut y ajouter la protection des réserves face aux animaux.

Sur les sites archéologiques, les greniers sont assez repérables par la différence entre les structures de faible surface mais comportant des emplacements de poteaux puissants et serrés pour soutenir de lourdes charges. On trouve régulièrement en Europe du Nord des structures relativement carrées (4mx3m) à proximité immédiate des traces d'habitation. Au Mali, au Sénégal ou au Niger, ces greniers surélevés sont plutôt de forme ronde.

Le grenier et le silo ont parfois été complémentaires parfois interchangeables.

Si le silo enterré implique l'enfouissement à l'état sec du grain battu et vanné, c'est-à-dire débarrassé de ses impuretés par tamisage, les greniers surélevés sont plus propices au stockage des gerbes mises à sécher et dont le battage peut être différé.

Les greniers présentent l'avantage d'une plus grande accessibilité des produits et aussi d'une plus grande variété. Les agriculteurs pouvaient y adjoindre des coffres à céréales, des récipients en terre cuite, en bois, des paniers en vannerie...

L'agronome latin Varron souligne dans ses descriptions l'importance du stockage sur le plan de l'organisation d'une métairie romaine qui regroupe trois villae :

- la *villa urbana* qui est le logement du propriétaire,
- la *villa rustica*, l'habitation du métayer avec la basse-cour et les étables,
- la *villa fructuaria* qui correspond aux réserves de production et aux outils de préparation du stockage comme le pressoir.

La mise en évidence des greniers dans des économies plus agricoles et rudimentaires qu'à l'époque contemporaine est significative de la place des stocks dans le process global de production.

Des distinctions seront faites entre les greniers celtes sur poteaux plantés, les greniers puniques à plancher sur murets, ou gréco-romains avec des parois enduites de torchis.

Les glacières

L'agriculteur a perçu depuis plusieurs millénaires le double avantage d'un dispositif destiné à maintenir le froid :

- la conservation,
- le confort de consommation de la glace.

La mesure de la température n'étant connue qu'assez récemment – le premier thermomètre à alcool de Réaumur date de 1730 – il était et il est encore parfois difficile de distinguer les températures optimales pour conserver, par exemple, différentes variétés de pommes.

Néanmoins, par expérimentation, l'agriculteur a su non seulement créer des pièces fraiches, mais également repérer la glace comme produit à part entière et mettre en œuvre des constructions soit enterrées, soit en surface pour conserver cet ingrédient. Les plus vieilles bâtisses connues pour conserver la glace sont situées en Mésopotamie. Elles datent d'il y a 3000 ans environ et sont de formes coniques inversées. Mais on retrouve sur l'ensemble de la planète des puits à neige ou à glace : Chine, Corée, Algérie, Iran etc. En Europe, les glacières se sont particulièrement développées à partir du XVIIe siècle jusqu'au XIXe siècle.

En sous-sol, les glacières se présentent souvent comme un espace de 4 à 6 m de diamètre et de 3 à 5 m de hauteur. Dans le fond concave, un système d'évacuation, un puisard, est prévu pour l'écoulement de la glace fondue, élément indispensable pour éviter l'accélération de la fusion de la glace.

Une coupole vient surmonter la glacière par le dessus. La porte de chargement est située au Nord pour éviter le rayonnement solaire. Un sas d'accès est généralement installé également avec deux portes.

Pour une cinquantaine de mètres cube de glace entassée dans une glacière, en général, au bout de 6 mois les pertes sont limitées à 20% de la glace.

Le fond évasé de la cuve est d'abord recouvert de branchages – des sarments de saule entrelacés, des fagots de tamaris... -, de paille ou d'un plateau de bois – des troncs d'ifs... -, puis de façon régulière les blocs de glace sont entassés par couches successives de 20 à 40 cm, séparées de lits de paille réguliers (Casals and Moussion 1994).

On trouve un début de commercialisation de la glace en France à Marseille en 1671 par la Compagnie de la Ferme de la Glace. Une activité qui ne connaîtra pas le succès escompté pour les deux glacières de 240 tonnes. Malgré des débuts généralement difficiles, la production artisanale de la glace va se poursuivre jusqu'à la fin du XIXe siècle. A cette période, la glace va commencer à être produite de façon industrielle.

Les agriculteurs constituent la main-d'œuvre qui va remplir les glacières et les exploiter. Contractuellement, la glacière est cependant en tant que telle fournie en fermage à un fermier.

La glace est ramassée et compactée au petit matin et transportée à dos d'homme ou de mulet (140 kg de chargement) depuis le lieu d'exploitation : par exemple à Paris, le ramassage de la neige s'effectue au Bois de Boulogne. Des lacs, des flancs de montagne peuvent fournir la matière première en abondance en hiver. Plus d'une centaine de personnes, armées de pics, peuvent travailler pendant 3 semaines à la récolte, au convoyage et au remplissage d'une glacière. La préparation de la glacière peut nécessiter une semaine avec 4 ou 5 personnes.

Dans les archives de la ville d'Hyères, un contrat de 1739 montre que les livraisons de glace sont effectuées entre le 1er mai et le 15 octobre. Les livraisons de glace s'effectuaient généralement de nuit jusqu'à l'aube, les pertes durant le transport jusqu'au consommateur étaient encore de l'ordre de 20 à 30%.

Les pains de glace arrivent dans les auberges, les poissonneries... Mais sont aussi destinés à des armoires fermées hermétiquement, ancêtres du réfrigérateur. La glace est un luxe relatif qui reste souvent au prix du kilo de blé.

Le stockage non confiné : les cribs, les horreo, les hambars

De façon spécifique, certains greniers ont eu pour vocation de sécher lentement, dans l'air ambiant, les céréales. Ils ont servi en général pour nourrir les animaux de basse-cour. Il s'agit de constructions en bois, rectangulaires en forme de caisses surélevées, sur de grandes longueurs – 30, 40 mètres -, grillagées munies d'une toiture, que l'on retrouve de façon universelle sous des appellations diverses : cribs, horreo, hambars… le nom de hambar par exemple d'origine turque (ambar = grenier) est usité en Russie, Roumanie, Hongrie. En France c'est plutôt le nom de cribs qui est retenu, et toujours en usage dans le Périgord. L'horreo est une appellation ibérique.

On y stocke souvent du maïs, des pommes de terre, des fèves, du riz… ou divers outils agricoles. La conservation du maïs va essentiellement toucher les peuples amérindiens, les réserves de mil en Afrique, celles de riz en Orient.

La surélévation de ces constructions est un moyen efficace d'éviter les rongeurs.

Le stockage mobile et de proximité du consommateur

Le stockage de proximité, le plus souvent dans des conteneurs en argile, de tailles très variées, est destiné à un stockage à court et moyen terme. Il coexiste avec les modes de conservation à plus long terme tels que l'ensilage.

L'outre

L'une des premières formes de récipient est l'outre. Une outre est un sac, le plus souvent en peau de bouc, de chèvre, de porc, de bœuf ou de veau. Il est cousu par un bout et toutes les coutures sont bouchées avec de la poix. Ce type de sac a été l'une des premières formes de récipient pour les liquides. Des poches d'estomac de ruminants ont également pu être utilisées. En transportant du lait par ce procédé, les résidus de présures de l'estomac des animaux ont sans doute permis la grande découverte du lait caillé et donc du fromage. Cette avancée a bouleversé les possibilités de stockage des laitages.

Les pattes des animaux ont souvent constitué les poignées des outres et le cou de l'animal, le déversoir. L'outre a pu permettre également le transport de marchandises pour franchir à sec des cours d'eau par exemple.

Une autre découverte, également permise par l'outre, est l'humidification de la peau à l'extérieur. Selon un procédé compris tardivement, l'eau qui vient mouiller par l'extérieur la peau de l'outre en s'évaporant dans une atmosphère sèche va permettre de refroidir l'intérieur de l'outre. Donc avec une outre mouillée, il est possible, sous une canicule, d'avoir de l'eau fraiche à l'intérieur. C'est le même mécanisme qui opère avec la transpiration de la peau.

La céramique tournée et non tournée

A une période très reculée également les hommes commencent à utiliser des récipients en torchis, puis plus sophistiqués dans leur fabrication et différenciés dans leurs usages. Les poteries commencent à être tournées et donnent naissance aux jarres pour le stockage et aux amphores pour les voyages.

Les *pithos* sont des récipients non tournés très répandus dans la Grèce antique et que les Gaulois vont également utiliser pour le stockage des céréales à court et moyen terme.

Les *tinajas*, céramiques tournées, vont davantage se développer chez les Ibères.

Chez les Romains, les denrées alimentaires de base étaient conservées dans des jarres indispensables à chaque maisonnée : farine, épeautre, miel, olives dans une saumure, raisins secs, vin…

Des jarres beaucoup plus impressionnantes – jusqu'à 1200 litres - connues sous le nom de *dolia* servaient également au transport, mais une fois en place, les *dolia* ne pouvaient plus bouger.

Selon les circonstances – guerre, famine, organisation politique et administrative – et la croissance qui en a découlé, le stockage de denrées a pu glisser du domaine collectif à la sphère privée et réciproquement.

Pour ce qui concerne le transport, on retrouve l'amphore de forme oblongue et dont l'extrémité de base est rétrécie en pointe pour une meilleure préhension.

Pour des distances courtes existe l'*hydrie* qui sert à transporter l'eau du puits.

Une multitude de mots apparait pour distinguer les formes et les fonctions des récipients.

La malle

Une technique pour éviter la prolifération bactérienne est d'utiliser des absorbeurs d'eau. Ces absorbeurs, en privant les bactéries d'un ingrédient essentiel à leur développement, empêchent par là même leur prolifération. Le sel est connu pour cette capacité d'absorption, mais également des végétaux comme la paille ou la sphaigne.

C'est ainsi que l'on a beaucoup conservé des aliments à l'aide du sel dans des coffres, ou grâce à des mélanges de sable, de sels, de paille, etc. Un jambon dans le sel peut se conserver plusieurs années, des pommes de terre tiennent l'année. Mais tous les aliments ne se prêtent pas à ce type de conservation. Le riz en est un exemple.

Dès l'instant ou un aliment solide et volumineux est conservé, les jarres et autres récipients ne pouvaient convenir. La malle, le coffre en bois, ont mieux correspondu aux préoccupations, du moins dans les régions tempérées qui ne craignent pas les insectes xylophages.

La malle dont le nom est apparu au XIe siècle (malha = besace) a été un meuble essentiel et polyvalent dans l'habitat, servant notamment de banc ou de table. D'autres dénominations ont été utilisées, tel le bahut qui du XIVe siècle au XVIIIe siècle est un coffre de voyage.

La soudure d'une année à l'autre

La soudure désigne la période entre deux récoltes, durant laquelle il faut pouvoir continuer à s'approvisionner et s'alimenter. La première fonction du stockage est donc d'assurer la survie d'une communauté durant cette période. Toutes les productions ne se prêtent pas à la conservation, il faut alors vendre immédiatement. Sinon, évidemment, l'agriculteur peut attendre que les prix montent pour vendre.

Si la soudure ne peut s'effectuer correctement, le stock de bétail sert alors à faire la jointure puisqu'il peut être vendu à n'importe quelle période de l'année. Mais parallèlement, la réduction de ce stock de bétail qui amortit le déficit de céréales, constitue une décapitalisation.

Les traités agronomes latins ont donné de multiples détails sur les méthodes de conservation, démontrant par là qu'il s'agissait d'une question vitale dans les économies rurales.

La réserve de semis

Deuxième fonction des stocks : pouvoir assurer de nouveaux semis l'année suivante. Ce stock primordial est aussi le plus vulnérable. Que faire en période de disette, lorsque l'on a faim à côté d'un stock de provisions ?

Les dépenses pour l'alimentation dépassent encore dans bien des cas 50% du revenu d'un ménage. Donc les réserves d'un agriculteur pour les semences sont tout à la fois l'indispensable stock pour assurer les ressources de l'année suivante et en même temps la variable d'ajustement en cas d'écart de consommation, d'écart de prix durant l'année pour les achats primordiaux (Arditi, Janin et al. 2011).

L'Etat est toujours amené à colmater les brèches lorsque la période de soudure se passe mal. Ainsi par exemple en Zambie, le maïs constitue, comme dans la plupart des pays africains, un plat national. Les Zambiens en consomment matin, midi et soir, sous forme de bouillie, de galettes, de grains rôtis, de soupe ou de porridge. La Zambie doit fréquemment faire appel au marché mondial pour la période de la soudure, mais l'Etat dispose de peu de ressources. Aussi, si les prix sont trop élevés, le nombre de sacs de maïs nécessaires sera supérieur à ceux importés et comme en 2001 et 2002, des milliers de Zambiens sont morts de faim (Djoumessi 2011).

La période sensible de la soudure est le révélateur instantané et paroxystique de problèmes plus profonds de développement. Par exemple, au début du XIVe siècle en occident, le mauvais temps de 1314 génère à la soudure de 1315 une grave crise de subsistance. En réalité, à la fin des années 1280 le grand mouvement de défrichement a pris fin mais l'expansion démographique s'est poursuivie. Les terres étaient surchargées, les exploitations paysannes se sont amenuisées par le jeu des successions. En Artois-Tardenois, les parcelles n'ont plus que le tiers de leur superficie moyenne de 1240. S'il faut 4 à 5 hectares pour faire vivre une famille de cinq personnes, 36% des paysans anglais ne disposent plus que du minimum, voire moins pour vivre à la fin du XIIIe siècle. De là, l'essor démographique se ralentit, les mariages sont plus tardifs, les naissances se restreignent, les paysans cherchent d'autres ressources dans l'artisanat. Une crise climatique devient alors un simple déclencheur (Balard, Genet et al. 2011).

Un élément déterminant des unités de production, de consommation et d'échanges : cellule familiale, famille élargie, village, châtellenie

Le stock est également un élément central d'organisation de la vie collective. Le bon sens peut laisser penser qu'une cellule familiale organise son stock en fonction de ses besoins. Mais, à l'inverse, on peut aussi émettre l'hypothèse que la capacité de stockage a structuré l'organisation familiale. Des ressources abondantes dans une plaine céréalière de l'antiquité permettent à un individu de s'entourer et d'élargir son champ d'action. En revanche, un nouvel immigrant au Québec venu au XVIIe siècle défricher son lopin de terre le long du Saint-Laurent passera sa vie entière à survivre dans la solitude au sein d'une unité familiale restreinte et fragile. La conquête de « terres neuves » n'est pas aisée (Havard and Vidal 2003).

Au-delà de la conservation, le stock est un élément d'appréciation du patrimoine, donc de la résistance de la communauté aux défis de l'environnement. Ce patrimoine va pouvoir se mesurer en particulier à travers les échanges. C'est ainsi que l'amphore a été également une unité de mesure. A Athènes, elle valait précisément 19.65 litres et à Rome, 26.26 litres. Un étalon a même été conservé au Capitole.

Le lieu de stockage a donc pu devenir également un lieu idéal d'échange pour ne pas faire voyager inutilement les stocks. De là, il est devenu un lieu de vie. Une structure de stockage collectif, « cella vinaria », sur l'oppidum de Corent en Puy-de-Dôme (Poux, Vaudable et al. mars 2009) a mis en évidence l'importante vie collective qui pouvait émerger d'un stock collectif. En l'occurrence un bâtiment excavé de 18 mètres de long sur 2 de large et 2 de profondeur a servi au stockage du vin. Au-dessus se situait probablement la halle des ventes environnée d'activités artisanales de métallurgie ou commerciales de boucheries.

Plus petits, les entrepôts intermédiaires connus sous la dénomination de *tabernae (Saint-André 2010),* ont joué un rôle majeur dans l'économie pour servir de relais avec les artisans et boutiquiers.

Un élément de mesure donc de pouvoir : l'économie tributaire

L'accaparement des stocks et des capacités de production d'une communauté voisine a pu être un moyen assez économique de se donner la possibilité d'assurer sa propre survie. Les citadins et villageois ont donc cherché en réaction à organiser la défense non seulement de leur territoire, mais également de leurs stocks. Il a fallu pour cela concéder à une entité protectrice une partie de sa production et payer le tribut nécessaire à alimenter cette structure. Les traités de la guerre ont parfois inclus des descriptifs sur la gestion des stocks, comme le traité de poliorcétique de Philon de Byzance (op.cit.).

Ainsi, le stockage collectif est devenu un outil contre la prédation et plus généralement un instrument de préservation face à des difficultés temporaires comme la famine. De là, le stock a été associé à l'affirmation d'un pouvoir et même a caractérisé le prestige des élites (Petit, Blandin et al. 2009).

La géographie des stocks collectifs dans une ville fournit des indications sur les stratégies utilisées : soit le stock était au cœur de la ville ou par exemple situé sur le port pour assurer une redistribution rapide (Bouras).

Ces lieux peuvent devenir très imposants en termes d'espace public occupé. Par exemple à Vienne-sur-le-Rhône, les entrepôts de la période augustéenne ont occupé plus de 5 ha (Bot-Helly and Helly). Ces entrepôts ont largement dépassé les besoins de la ville. Y figuraient donc également les entrepôts de l'annone, terme qui désigne à la fois l'impôt en nature et l'administration chargée de la distribution. Sur la base d'un calcul de rendement d'une tonne à l'hectare, les entrepôts de Vienne ont pu stocker les rentrées de l'annone pour une grande partie de la Gaule. Ce qui démontre le degré d'organisation de l'époque.

Tout au long de l'histoire, on retrouve des signes du contrôle des stocks par les pouvoirs publics. Par exemple, à la fin du XVIIe siècle au moment où se répand le commerce de la glace, Louis XIV oblige les particuliers qui ont des glacières à les déclarer. Un peu plus tard les grandes villes achètent au roi le privilège de commercialiser la glace et avec un système de fermage, les municipalités évitent toute possibilité de manquer de glace. De grandes glacières urbaines vont se développer conjointement à l'accroissement des villes.

CHAPITRE 9

L'expérience capitale des moulins à vent

Les sciences sociales offrent peu de moyens d'expérimentation et d'essais pour tester des modèles et les rendre suffisamment prédictifs. Pour promouvoir l'implantation de chambres froides autonomes dans les pays en développement, la connaissance de la fréquence de succès de ce type d'implantation serait précieuse pour développer un modèle.

Cependant, si les statistiques basées sur les fréquences sont devenues prépondérantes au cours de la seconde moitié du XXe siècle et notamment depuis les travaux de l'un de ses pionniers, Ronald Fisher (Benzecri 1982) une autre approche statistique, de type bayésien, est envisageable pour donner corps à un événement. L'inférence bayésienne nous permet en effet de traduire numériquement une probabilité par un état de connaissance. Plus proche de nous, le physicien Richard Cox (théorème de Cox-Jaynes) a fourni une base rationnelle au mécanisme d'induction logique et donc de l'apprentissage (Bayes 1763 ; Tribus 1974).

Pour rechercher donc non pas un grand nombre d'expériences qui seraient précieuses, mais pour « traduire numériquement » un état de connaissance – en d'autres termes fournir un degré de confiance à une hypothèse - l'observation du passé peut nous fournir des pistes d'analyse et ainsi nous aider à formuler des idées de base sur les chambres froides autonomes.

L'outil de développement économique qui semble le plus approchant des chambres froides autonomes, dont le succès a été impressionnant à travers les siècles, est le moulin.

Il répond à divers critères de similitudes avec l'impact des chambres froides autonomes dans le développement. En voici une liste non limitative :

1. autonomie de l'alleutier-entrepreneur (du moins au départ de l'investissement),
2. faible accumulation primitive de capital,
3. faible emprise au sol,
4. source d'énergie disponible,
5. moyen de conservation,
6. enjeu économique fort,
7. faible capital social,
8. apprentissage aisé,
9. duplication aisée,
10. échappe partiellement et temporairement au droit (du moins pour le moulin à vent, car le vent est insaisissable, contrairement aux rivières),
11. s'inscrit dans une période de recherche énergétique intense (X^{e}-XIIe siècles pour les moulins, 1950-2050 pour les énergies fossiles).

Le fil conducteur que nous recherchons à travers l'histoire des moulins est de voir brièvement comment a pu se développer l'« apprentissage » de cette machine et quel degré de confiance nous pouvons avoir dans le développement d'un outil proche.

Si l'on remonte aux prémices de l'agriculture, peut-être vers 10 000 - 8 000 AC, dans le Croissant fertile, entre l'Iran et l'Irak actuels, les premières traces de cultures apparaissent sur de petites surfaces près de villages embryonnaires. Les premiers produits issus de la terre sont les céréales dont le concassage s'effectue avec diverses techniques. Deux techniques émergent progressivement : la mouture par le pilon dans un mortier, procédé vertical toujours utilisé, et la mouture à l'horizontale pratiquée par les Egyptiens, notamment avec le mouvement de va-et-vient d'une molette sur une pierre plate immobile. De ce mouvement alternatif vont apparaître divers types de moulins avec un mouvement cette fois circulaire. De lourds moulins se répandent dans l'antiquité romaine, dont l'image la plus approchante serait le mécanisme du poivrier. On en dénombre plusieurs centaines. « Les plus riches bourgeois, nous dit Marc Bloch, possédaient des moulins chez eux » (Bloch 1935). Le travail, pénible, sur ces moulins est réservé aux ânes ou aux esclaves. Les roues à eau sont également connues à cette époque, mais l'usage répandu d'« instruments » à faible coût tels que des esclaves (Varron 1978) les rend relativement peu intéressants. Des petits moulins rustiques à eau se développent cependant, très simples. Ils servaient probablement à des groupes de familles paysannes.

Depuis un ou deux siècles avant notre ère existent un peu partout, depuis le Nord de l'Europe, jusqu'en Chine, des moulins qui se complexifient avec l'apparition de roues verticales. Une épigramme attribuée à Antipatros met en évidence l'organisation sociale de la mouture des céréales :

« Arrêtez le travail que vos mains font à la meule, femmes chargées de broyer les grains !

Dormez longtemps, même si la voix des coqs annonce l'aurore !

Déô a imposé à des nymphes la fatigue que vos bras enduraient ;

En s'élançant sur la partie supérieure de la roue, celles-ci font tourner l'arbre ;

Grâce aux rayons mouvants celui-là fait tourner la masse concave des pierres meulières de Nizyros.

Nous jouissons à nouveau de la vie d'autrefois puisque nous apprenons à manger les produits de Déô sans travailler » (Rivals 2000).

On comprend donc que le cas général reste à cette époque le concassage manuel des céréales par la main-d'œuvre féminine.

Cet émerveillement face à la technique nouvelle d'Antipatros ne suffira pas à restructurer l'organisation sociale. Pendant un millénaire après Jésus-Christ, le moulin va rester secondaire dans l'économie.

Recherches de similitudes

Si l'émergence du moulin à vent peut devenir un modèle de développement, il convient d'en préciser les différents aspects au-delà des 11 critères précédemment évoqués. L'idée est de dire que plus grande sera la proximité entre un outil comme le petit entreposage de produits frais et le moulin, plus grandes seront les probabilités de succès de cet outil.

La similitude s'observe à partir d'une taxonomie.

L'inférence bayésienne peut à nouveau nous être utile en comparant les clés du succès des moulins à vent et les clés du succès de chambres froides autonomes :

1. autonomie de l'entrepreneur (du moins au départ de l'investissement) : une chambre froide modeste, de taille adaptée, comme nous allons le voir dans les pages qui suivent, induit un mode de gestion spécifique. Ce n'est pas la chambre froide la plus économe – un grand entrepôt frigorifique sera toujours plus rentable – mais, le fait de mettre à la portée d'un

individu un outil crée l'organisation qui lui convient : en l'occurrence, elle laisse au petit paysan son autonomie ;

2. faible accumulation primitive de capital : une petite chambre froide restera accessible si elle peut fonctionner sans coût énergétique, sans maintenance, avec pour coût de main-d'œuvre de mise en route le temps passé par le petit producteur à monter lui-même les murs de sa chambre froide ;
3. faible emprise au sol : une chambre froide de $10m^3$ ne sera pas un handicap sur le plan de sa valeur locative ;
4. source d'énergie disponible : l'énergie solaire dans les pays tropicaux est probablement la moins chère à ce jour. Son prix est divisé par 2,5 tous les dix ans et d'ici 2020, elle devrait avoir le niveau du prix du Kwh des premières centrales nucléaires ;
5. moyen de conservation : la chambre froide répond à ce critère ;
6. enjeu économique fort : sauver plus de 30% des récoltes est une motivation suffisante pour un paysan ;
7. faible capital social : le fonctionnement d'une chambre froide solaire ne mobilise pas des compétences inaccessibles pour un paysan ;
8. apprentissage aisé : l'apprentissage est aisé dans la mesure où le paysan est très motivé pour sauvegarder ses récoltes ;
9. duplication aisée : une chambre froide autonome, une fois qu'elle fonctionne est visible dans l'entourage et donc sert de témoin ;
10. échappe partiellement et temporairement au droit dans la mesure où les paysans pauvres ne sont pas solvables, l'accroissement de leurs récoltes ne sera pas immédiatement taxé ;
11. s'inscrit dans une période de recherche énergétique intense ;
12. depuis les années 70, l'énergie est devenue tout à coup rare pour permettre aux pays développés de poursuivre leur croissance. On sait que cette course va se poursuivre encore plusieurs décennies ;

Ainsi chacun des onze critères précédemment établis pour expliquer le succès du moulin à vent, semble ici validé pour les chambres froides autonomes.

Il reste à présent à apprendre cet outil.

Logique d'apprentissage

La logique d'apprentissage peut être envisagée non pas sur une base volontariste, à partir du sens que l'on donne à un projet, une technique que l'on aimerait voir se développer, mais sur la base de l'intérêt des personnes.

La microbiologie nous donne un excellent exemple avec le chimiotactisme des bactéries. Une bactérie en mouvement se caractérise par deux états :

- la course,
- la culbute.

Elle avance et suit une trajectoire qui peut être complètement aléatoire : la course.

Régulièrement, elle se heurte à d'autres bactéries ou tout élément qui peut la stopper et donc elle s'arrête, c'est ce que les biologistes appellent la culbute. Cette culbute provoque une réorientation aléatoire de la bactérie qui reprend sa course.

Mais les bactéries peuvent répondre à des signaux de l'environnement comme la température (thermotactisme), la lumière (phototactisme), l'oxygène (aérotactisme), etc. Le chimiotactisme est de façon plus générale le mouvement orienté des bactéries vers des substances attractives. Plus la substance attractive est fortement concentrée, plus la réponse de la bactérie est forte.

Sans substance attractive, la bactérie décrit un mouvement quelconque avec de fréquentes culbutes. Avec des substances attractives détectées par des chimiorécepteurs (des protéines), les courses sont plus longues et peu à peu la bactérie s'approche de son but.

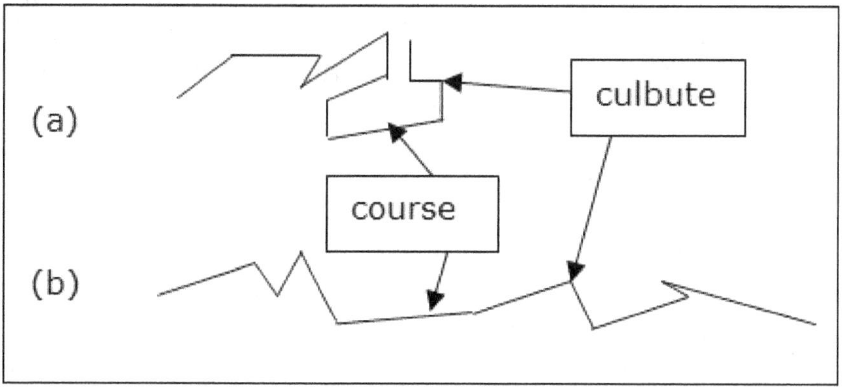

Figures ci-dessus : la course d'une bactérie de façon aléatoire (a) et la course d'une bactérie répondant à une substance attractive (b).

Dans le domaine des sciences sociales, l'apprentissage est en quelque sorte la course – dans sa « course » quotidienne, l'être humain apprend en permanence de façon aléatoire - et si l'on veut orienter l'apprentissage, il faut pour cela un intérêt : plus l'intérêt sera fort, plus l'individu orientera sa course dans une direction, et au fur et à mesure développera une intelligence pour accroître sa course et limiter les culbutes. Plus il s'approchera du but et plus forte sera sa motivation à apprendre. Plus il accélèrera sa course.

En d'autres termes, pour reprendre le modèle du moulin, plus le fonctionnement de cette technique est apparue digne d'intérêt, plus les individus ont appris et « couru » pour la mettre en œuvre.

En effet, au départ de l'invention du moulin à vent, dans un univers de régulations féodales relativement figées, il n'était pas de l'intérêt des institutions de voir se développer un moulin à vent non contrôlable sur le plan fiscal. Il n'y a donc pas eu initialement de « politique de développement » des seigneurs pour favoriser l'implantation de moulins à vent sur leurs territoires. L'intérêt des individus, seul, a servi de moteur à cette expansion.

Dynamique sociale issue du moulin

Le médiéviste Jacques Le Goff fait basculer le développement des moulins autour de l'An Mil, avec la disparition de l'esclavage et l'essor démographique. Est-ce la diffusion du capital de connaissances techniques qui produit l'essor des moulins à eau ou la modification de l'organisation sociale ? Le débat n'est pas tranché. Il s'agit plus sûrement d'un mouvement conjoint. On peut estimer que l'individu, insatisfait d'une organisation sociale va chercher à s'en affranchir de diverses façons et une innovation technique, lorsqu'il en a connaissance, peut lui offrir cette opportunité avant qu'émerge un nouveau système figé de régulations.

Dans une accélération récente de l'histoire, on peut observer ce phénomène avec l'émergence de l'internet : au départ des techniques d'échanges informatisés en toile d'araignée se développent. Rapidement ces techniques deviennent incontrôlables par une autorité centrale. Internet fait apparaître de nouvelles compétences, de nouveaux rapports relationnels, de nouvelles formes de propriétés (le site internet) et de rente. Puis l'Etat ou l'institution revient, peu à peu, dans le jeu pour organiser et tirer parti simultanément de la nouvelle organisation.

Pendant les IXe et Xe siècles, les textes ne cessent de mentionner des « molinos ». Il s'agit de petits moulins construits par des communautés de paysans qui en détiennent des parts : chacun a droit à un certain nombre de jours et de nuits de mouture. Ces moulins sommaires, probablement à roue horizontale, appartiennent aux petits alleutiers ; vers le milieu du XIe siècle ces installations désuètes ne répondent plus aux besoins et sont aliénées au profit des puissants (Rivals 2000).

Cette phase intermédiaire de deux siècles au IXe et Xe siècle est cruciale pour comprendre comment des hommes libres, propriétaires de leurs terres, liés uniquement par contrat avec un seigneur qui assurait leur protection et dont ils pouvaient changer, ont su gérer leur autonomie économique en développant notamment la fabrication de petits moulins.

A partir du milieu du Xe siècle et au XIe siècle surtout, les seigneurs vont édifier des « mulnares » des moulins de meilleur rendement, nécessitant des investissements supérieurs. Les seigneurs vont progressivement les imposer et faire pression sur tous les paysans pour qu'ils viennent y moudre leurs grains. Ils s'accordent tout d'abord le droit de moudre gratuitement leur propre blé, puis établissent une redevance générale sur la mouture des grains, que celle-ci s'effectue dans leurs propres moulins ou dans ceux ne leur appartenant pas (Rivals 2000).

Les seigneurs se sont très vite rendu compte qu'un moulin, point économique de convergence, était très profitable, bien plus que leurs propres tenures.

Le moulin va dès lors devenir un dispositif central du pouvoir et de la production, un lieu de rencontre et de prestige. Dans la banalité du seigneur, le moulin, machine universelle, va être le moteur de multiples activités. Dans l'agro-alimentaire tout d'abord, le moulin a permis la production de farine bien sûr mais également d'huile et de bière (orge). Pour les matières premières, il est également fort utile : moulin à scier le bois ou la pierre, à martinet pour le fer, à foulon pour le drap, à broyer les écorces pour tanner le cuir. Le moulin va également supporter la révolution de l'écrit pour fabriquer le papier en remplacement du parchemin à partir du XIVe siècle. Il va permettre également dans les polders d'accompagner la conquête du sol par assèchement de vastes territoires.

Les céréales représentent au Moyen-Âge un enjeu de subsistance dans une économie de pauvreté, mais également un enjeu politique puisqu'elles sont étroitement liées à la dîme seigneuriale comme à la fiscalité royale. Le pain est toujours la principale nourriture pendant de nombreux siècles en occident. La ration énergétique utile pour un homme varie de 2500 calories au repos à 3500 par jour. Un kilo de pain en fournit environ 3500. La culture des céréales est toujours fragile pendant toute la phase d'expansion des moulins. Un grain peut permettre la récolte de 3 à 5 grains en moyenne. Les crises frumentaires sont donc très rapidement désastreuses. L'individu est toujours essentiellement en économie de subsistance.

Parallèlement, et en lien avec l'émergence du moulin banal, se construit un ordre social théorisé par le clergé avec trois composantes :

- ceux qui prient : les *oratores,*
- ceux qui combattent : les *bellatores,*
- ceux qui travaillent : les *laboratores.*

Les premiers statuts de meunier sous nos latitudes, seront rédigés en 822 dans le Polyptique d'Irminon. Adalard, abbé du monastère de Corbie dans la Somme, définit le droit du meunier à disposer d'une tenure (un manse et six bonniers de terre) dont il devient le tenancier, en reconnaissance de sa fonction et de sa spécialité naissante.

Quelques siècles plus tard, on retrouve à nouveau à l'écart du droit féodal, l'émergence du moulin à vent. Ces moulins apparaissent vers 1180 en Normandie, en Flandres et en Angleterre. Ils soulèvent immédiatement la colère des abbés et autres féodaux. De nombreux litiges sont recensés car des individus veulent profiter de la gratuité du vent qui ne peut appartenir à personne. L'objection fondamentale est formulée en 1191 : si le noble ou le clerc a un droit sur tout ce qui se trouve sur sa banalité ou sur ses terres – main-d'œuvre, cheptel, outillage, eaux vives – en revanche personne ne peut interdire l'usage du vent : cette énergie nouvelle n'est pas codifiée dans le droit et il reste difficile de se battre contre les moulins à vent. Le droit féodal s'adaptera, certes, mais la controverse juridique demeurera jusqu'à la Révolution.

L'idée qui en ressort – hors du débat sur la fin de l'esclavage et de la pénurie conséquente de main-d'œuvre – est que l'innovation du moulin est exemplaire sur le plan juridique et fiscal. On entrevoit à deux reprises une innovation, libre de droit, qui va contribuer à remodeler l'organisation sociale, mais qui, au départ, procure à son initiateur une indépendance relative. L'innovation est liée à une capacité entrepreneuriale des *laboratores*, qui favorise à son tour la croissance économique dont le profit est assez rapidement capté par les financiers de l'époque que sont les abbayes et les seigneuries, les *oratores* et les *bellatores*.

Il n'empêche que ces innovations, apparues en marge de l'organisation sociale, en refondent les bases et permettent par effet de cliquet une amélioration générale du statut des individus. Les femmes ont été – on l'a vu avec Antipatros – les premières bénéficiaires de l'émergence du moulin.

L'innovation aujourd'hui est probablement mieux comprise par les « financiers » et les institutions comme une source de nouveaux profits et de nouvelles rentes, facile à encadrer juridiquement et fiscalement. Par conséquent, la nécessité de l'encourager – ou au moins de laisser faire - est de mieux en mieux perçue et c'est sans doute la raison pour laquelle les économies gagnantes, notamment parmi les moins avancées, pour l'avenir sont celles qui font ou feront une place à une profusion de petits entrepreneurs innovants, y compris avec de faibles moyens initiaux.

Les schémas reproductibles du développement économique pourraient donc s'inspirer de quelques modèles simples :

Le modèle chimiotactique de l'apprentissage

- 1. Une invention émerge ou un individu invente par intérêt personnel pour améliorer sa condition,
- 2. l'inventeur ou un proche de l'inventeur trouve une application à cette invention par intérêt personnel,
- 3. des individus plus ou moins éloignés entendent parler de l'invention (les Croisés reviennent de l'Orient en ayant vu fonctionner des moulins à vent) et tentent de s'en inspirer : plus ils sont éloignés de l'invention, moins ils ont d'intérêt à innover, et plus ils mettront de temps à innover : c'est le principe de la bactérie qui n'accélère sa course et se heurte à moins d'obstacles que lorsqu'elle est proche du but.
- 4. L'innovation se loge dans des interstices de liberté individuelle, mais en se développant, l'innovation heurte plus ou moins les intérêts en place, dérange un ordre et donc génère des conflits d'intérêts,
- 5. les institutionnels, les personnes qui ont un pouvoir ou qui peuvent investir récupèrent l'innovation à leur tour à leur profit,
- 6. de nouvelles règles apparaissent, intégrant l'innovation.

Le modèle de civilisation

- 1. une région suffisamment grande (la Mésopotamie...) s'organise pour soutenir un modèle d'organisation de la collectivité ou de petites collectivités autour de l'entrepreneuriat, ou en laissant une large place à l'entreprise et à ceux qui entreprennent,
- 2. les individus sont plus nombreux à innover par intérêt personnel et sont soutenus financièrement par le pouvoir (Isabel de Castille et Ferdinand d'Aragon soutiennent financièrement le projet d'entreprise de Christophe Colomb et ses quatre voyages),
- 3. les innovations se répandent plus vite à la mesure des espaces de liberté d'entreprendre structurés,
- 4. les institutions, la collectivité intègrent les innovations et en bénéficient plus rapidement.

Le modèle du sous-développement

- 1. une collectivité en difficulté (guerres, milieu hostile...) tente de codifier tous les comportements pour créer une forme d'assurance (Turner 1990),
- 2. les individus n'ont pas d'espace pour innover, ils se conforment à des règles sociales qui codifient également les comportements économiques (codification de castes par exemple),
- 3. la collectivité se fige et bouge par évolutions brusques à l'occasion de guerres ou de révolutions, lesquelles réveillent de nouvelles inquiétudes et de nouvelles normes strictes de comportement, pour rassurer, d'où sont exclus les comportements entrepreneuriaux qui nécessairement inquiètent la structure.

Développement issu des moulins

Les êtres vivants sont le siège permanent d'un flux de matière et d'énergie (Bernard 2002). Toute forme de vie humaine, animale et végétale est donc intrinsèquement liée à une source d'approvisionnement en matière et en énergie et pour ce qui concerne les êtres humains, matière et énergie sont fournies essentiellement à travers les aliments qu'un individu absorbe.

Les végétaux s'approvisionnent en matière minérale et trouvent leur source d'énergie soit par la lumière - ce sont alors des végétaux photo-lithotrophes - soit par énergie chimique, ils sont alors dits chimio-lithotrophes.

Quelques eucaryotes et des bactéries se nourrissent de matière organique en puisant leur énergie à travers la lumière, ce sont des photo-organotrophes, enfin pour ce qui nous intéresse, les humains prélèvent essentiellement de la matière organique et puisent leur énergie principalement à travers l'énergie chimique : **nous sommes chimio-organotrophes. Nous avons ce besoin impératif de molécules organiques que nous allons rechercher dans des organismes vivants ou morts en les consommant.**

Nous acquérons de l'énergie par oxydation des molécules organiques qui sont réduites et nous les utilisons aussi comme constituants pour réaliser des synthèses d'autres molécules.

Nos aliments doivent également nous fournir des acides aminés, des vitamines, des acides gras que nous ne savons pas synthétiser.

L'organisation de ce flux d'énergie et de matière, nous permet de nous maintenir dans un état très complexe et très organisé mais également très éloigné d'une situation d'équilibre : grâce à ces « prélèvements » sur la nature, nous consommons de manière irréversible de l'énergie (de l'enthalpie libre), nous diminuons en permanence notre entropie tout en maintenant élevée notre énergie interne et nous dissipons de l'énergie sous des formes dégradées telles que la chaleur et des molécules à faible enthalpie libre. Les biologistes parlent d'état stationnaire de non équilibre (ESNE) maintenu en permanence grâce à notre environnement. Notre organisme n'est jamais en situation d'équilibre. Nous ne pouvons pas arrêter de manger ou de respirer.

Nous présentons cette particularité d'être totalement dépendants des autres organismes vivants pour notre nutrition. C'est le cas plus généralement de tous les animaux, des champignons et aussi de certaines bactéries comme E. Coli.

La capacité humaine à organiser son approvisionnement règle donc sa survie et la gestion des ressources en végétaux « utiles » et en animaux d'élevage est la colonne vertébrale de la croissance économique… ce que les économies développées oublient et parfois négligent.

Les plus grandes innovations ont souvent porté jusqu'à ces dernières années sur des moyens d'améliorer la production des ressources alimentaires ou de mieux conserver nos approvisionnements.

La matière et l'énergie, dès que l'homme a été capable de cultiver, ont été apportées par des cheptels et des produits de base comme les céréales et le riz.

En permettant d'améliorer la gestion des ressources en végétaux « utiles » le moulin sera une source essentielle de croissance pendant huit siècles. Son arrivée marque donc une rupture dans l'approvisiònnement « énergétique » alimentaire.

La productivité du moulin

Les moulins à vent ont été moins performants que les moulins à eau et pourtant ils se sont largement répandus en Occident. Quelle a été la motivation des premiers meuniers à utiliser la force du vent ? Ouvrir une brèche dans le droit et sortir du joug sei-gneurial ? Probablement. Encore fallait-il une capacité à investir dans des meules, à anticiper des évolutions, à remettre en cause un ordre établi, à déranger, à connaître dans le détail les mécanismes de l'innovation apportée au retour des Croisés.

Les premiers moulins à vent n'ont pas été très productifs et au XIXe siècle on pouvait encore percevoir la nette supériorité de la productivité du moulin à eau pour moudre le blé. En atteste par exemple une enquête sur la commune de Vannes dans le Morbihan en mai 1836 : quatre moulins à eau produisent respectivement au quotidien 8hl de farine, 40hl, 20hl et 508hl tandis que 3 moulins à vent en produisent 8hl, 14hl et 8hl (Service régional de l'inventaire, DRAC et al. 1836).

On retrouve ces écarts au Québec au XVIIIe siècle. Dans le Bas-Lachine (aujourd'hui un quartier de Montréal), le séminaire de Saint-Sulpice note que les moulins à eau dépassent les 1000 minots par an – le minot équivaut à 3 boisseaux, soit 38 litres -, tandis que les moulins à vent dépassent à peine les 300 (Gravel 1995).

Ces chiffres sont encore très éloignés de la réalité du XIe siècle où l'on note que des moulins produisent 400 litres de farine par jour. Si l'on s'en tient aux besoins alimentaires quotidiens d'une population de 1 kg de pain par jour, on arrive à ce qu'un moulin fournisse la ration alimentaire de 400 personnes. **C'est un petit bourg de 80 foyers qui ainsi peut s'alimenter grâce au moulin**. Ce chiffre est contestable mais fournit une approche.

Au XVIIe siècle, la population reste en effet encore fortement rurale puisque 90% de la population vit à la campagne et que plus de

70% des Français vivent dans des paroisses de moins de 300 foyers (Nassiet 2006).

Le moulin à vent est donc à la fois un outil qui intéresse la collectivité et il reste à la portée d'un investisseur local, sans grands moyens. On sait que les premiers moulins ont été le fait d'alleutiers, riches, sûrement, et intéressés à conforter leur indépendance.

Si l'on compare avec la situation antérieure, le moulin à vent s'implante un peu partout. Il est probablement moins contraignant que le moulin à eau pour lequel il fallait nécessairement la proximité d'une rivière sur laquelle il fallait aménager une retenue d'eau, avec les conséquences sur le voisinage et des conflits qui pouvaient en résulter pour les inondations.

Mais le moulin à vent n'est pas toujours rentable. Du XIe au XIIIe siècle, l'enthousiasme des seigneurs fait qu'ils construisent à tour de bras des moulins à vent : « le moindre seigneur avait voulu son moulin » (Derville 1999). A la fin du moyen âge, les trois-quarts des moulins à vent étaient superflus et un grand nombre d'entre eux sont abandonnés faute de rentabilité.

On peut donc émettre l'hypothèse que la rentabilité des moulins à vent n'a pas été évidente à obtenir dès le départ et que les initiateurs pouvaient s'y retrouver parce qu'ils étaient eux-mêmes impliqués dans la construction. Dès lors que les investissements sont élevés et que le seigneur fait appel à des équipes pour faire construire le moulin, la construction ne peut s'effectuer que dans des périodes fastes de croissance.

CHAPITRE 10

Stocks et bouleversements

La découverte de la thermodynamique essentiellement au XIXe siècle a permis des avancées considérables, et très prégnantes dans le paysage industriel naissant, en particulier pour la combustion : l'automobile, qui au XXe siècle a envahi les routes, en est une spectaculaire démonstration. Dans le domaine du froid, les avancées ont été moins visibles et beaucoup moins étudiées par les économistes, mais tout aussi déterminantes pour l'expansion du « Nord » de la planète.

Comme très souvent, les premières découvertes fondamentales précèdent parfois de plusieurs siècles les innovations. Jusqu'au XVIIe siècle, la glace n'est pas produite mais récupérée. Les Romains en faisaient usage en emmagasinant, dans de vastes glacières souterraines, la neige des Apennins. Les archéologues ont retrouvé des systèmes comparables en divers points de la planète, en Mésopotamie par exemple pour la conservation de la viande. En 1660, un Florentin ouvre le café Procope à Paris pour y servir des glaces, sur le même procédé. Des savants commencent à chercher des solutions pour produire le froid sans avoir recours à la glace naturelle. Le Français François Philippe de La Hire, fut le premier à produire de la glace en enveloppant une toile d'eau fraiche de sel d'ammoniaque.

Au début du XVIIIe sont fabriquées les premières glacières en bois calorifugé dans lesquelles on place des blocs de glace. A Paris, la glace provient de la « récolte » hivernale de deux cents tombereaux de neige au bois de Boulogne. Le stockage s'effectue rue de la Glacière. Puis s'appuyant sur les découvertes de Faraday et de Leslie, sur la liquéfaction des gaz, l'ingénieur Fernand Carré construit le premier appareil réfrigérant par vaporisation d'ammoniaque. Cette invention ouvre la voie à la production industrielle de glace. Tandis que le médecin américain John Gorrie invente la première machine à glace en 1851 sur le principe de l'expansion rapide de l'air comprimé. Précurseur de la climatisation, il démontre l'utilité de rafraichir l'air des chambres d'hôpitaux par un système ingénieux de bassin de glace suspendu au plafond. L'air froid, plus lourd, descend par une ouverture au-dessus du patient. Des centaines de scientifiques et inventeurs divers vont au fil des décennies améliorer les systèmes de réfrigération. Des noms vont rester jusqu'à aujourd'hui dans l'industrie comme Linde pour les gaz industriels, ou Carrié, leader mondial de la climatisation. En France, Ferdinand Carré commence à rendre pratique la production du froid avec une machine à éther sulfurique au moyen du vide (1859). Il réalise une première application la même année à Marseille dans une brasserie. Mais c'est surtout le nom de Charles Tellier, le « Père du froid » qui revient. Il crée la première machine frigorifique à circulation de gaz d'ammoniac liquéfié. La porte est alors ouverte à un bouleversement du monde moderne. Les avancées industrielles se multiplient. En 1865, Charles Tellier construit une machine à compression mécanique à gaz liquéfié pour l'installer chez Meunier, un maître chocolatier. En 1876, le navire *Frigorifique* part de Rouen et apporte à Buenos aires de la viande en bon état de conservation après 105 jours de mer.

Les innovations découlent du brassage de compétences acquises et des besoins nouveaux. Ainsi à l'origine Charles Tellier s'était spécialisé en faculté sur l'ammoniac comme engrais et maîtrisait l'air comprimé. Le baron Haussmann, aménageur de Paris, lui aurait suggéré de produire de la glace artificielle pour résoudre le problème de l'approvisionnement parisien aléatoire en glace, lors d'hivers trop chauds.

En 1908, est organisé à Paris le premier congrès international du Froid qui va rassembler des délégués de 43 Etats et l'adhésion de 4000 membres. Ce rassemblement va permettre de recueillir 3000 pages de communications. Très rapidement, des revues vont naître : « La Revue générale du froid », « La Glace et les industries du froid », « L'Industrie frigorifique ». Les ouvrages techniques se multiplient. L'Encyclopédie industrielle publie en 1912 « le Froid industriel et les machines frigorifiques » qui décrit sur plus de 400 pages toutes les techniques de l'époque pour les métiers les plus divers : abattoirs, navires et wagons frigorifiques, conserveries de poisson, entreposage frigorifique pour les fruits, brasseries, laiteries, fromageries, chocolateries, horticulture, sériciculture, morgues, soutes à munitions, locaux habités, panification, fabrication de la fonte, congélation des mines, industries des matières grasses, industries chimiques et pharmaceutiques (Lallié 1912).

Des échanges internationaux vont naître de ces progrès et faire évoluer rapidement des productions locales. Pierre Bergès, professeur à l'Institut supérieur agronomique et vétérinaire de Buenos Aires, présente au premier congrès international du Froid une communication sur le déploiement des « frigorifiques », le nom donné à l'époque pour les chambres froides : la France ne comptait selon lui que 6 abattoirs pourvus, en 1912, d'une chambre réfrigérante, alors que déjà 390 abattoirs allemands en étaient pourvus.

Il précise par ailleurs que « depuis 1880, époque où le premier chargement de viandes congelées parvient d'Australie à Londres, des investisseurs anglais ont fondé 22 frigorifiques en Australie, 23 en Nouvelle-Zélande, et 8 en Argentine, sans parler de ceux qui fonctionnent aux Etats-Unis et au Canada. Ces établissements ont exporté en 1907, en Angleterre, 5 801 535 moutons, 4 348 992 agneaux, 177 383 tonnes de viande réfrigérée et 130 765 tonnes de viande congelée.

L'action conservatrice du froid est mieux étudiée au tournant du XXe siècle, dans cette phase ascendante du cycle de Kondratieff. Les températures optimales de conservation sont rapidement déterminées, les inconvénients de la glace naturelle mis en évidence. De nombreuses boucheries avaient opté jusqu'alors pour un système de glace naturelle, posée en blocs dans des bassins en métal dans la partie haute d'armoires-glacières. Mais en fondant, la glace saturait d'humidité l'armoire, l'eau ruisselait sur les parois et la viande devenait « poisseuse », avant de se couvrir de moisissures.

En quelques décennies, s'est donc produit un bouleversement complet dans l'hygiène alimentaire, les échanges internationaux alimentaires, l'approvisionnement et le stockage. Jusque chez le particulier des transformations majeures vont se produire : la société General Motors aux Etats-Unis par exemple, va produire des réfrigérateurs sous la marque Frigidaire, qui deviendra un nom commun. C'est le cœur de la croissance économique du XXe siècle : les temps de consommation des produits, infiniment plus longs, ont permis de mieux dégager toute la valeur ajoutée des aliments et donc de générer rapidement de nouveaux investissements dans la chaîne agro-industrielle. La confiance dans ces nouvelles techniques s'est largement répandue, mais ces progrès n'ont touché visiblement qu'une partie de la planète, constat que l'on peut faire encore un siècle plus tard.

Après la fin de la seconde guerre mondiale, la maîtrise du froid va bouleverser l'économie occidentale. L'agriculture se motorise. En France, par exemple, l'amélioration des outils de production libère environ 25 à 30% de la sole agricole, utilisée jusqu'alors à la nourriture des animaux de trait (Drouart, Williot et al. 2010). « Grâce aux services du Plan, explique André Gac (Drouart, Williot et al. 2010), l'implantation des frigorifiques est déterminée en fonction des besoins et ils sont construits selon des plans quinquennaux, avec l'aide financière de l'Etat. ». Les marchés d'intérêt nationaux agrègent de nombreux entrepôts frigorifiques qui vont permettre une meilleure conservation et une distribution alimentaire plus fluide. Ceci explique partiellement, par exemple, que des vergers de pommiers seront plantés dans presque toute la France ; la production de pommes va être multipliée par 5 au sortir de la deuxième guerre mondiale. Une première réglementation des véhicules frigorifiques voit le jour en 1951. Elle va permettre le développement de la carrosserie isotherme, une activité fortement exportatrice. Parallèlement, la France, avec la Politique européenne Agricole Commune (la PAC), va devenir le premier exportateur mondial pour les denrées périssables, le deuxième exportateur derrière les Etats-Unis pour les produits alimentaires.

Aujourd'hui, le volume total des frigorifiques industriels est de l'ordre de 20 millions de m^3, soit plus de 350 litres par habitant, alors qu'aux Etats-Unis, les *locker-plants* (chambres froides) ne représentent que 200 litres par habitant, quelques litres à peine par habitant dans les pays les moins avancés. Le transport sous température dirigée représente en France 7% des transports toutes marchandises confondues (Drouart, Williot et al. 2010).

La consommation française de denrées périssables est de l'ordre de 360 kg par an et par tête. « Si la distribution des aliments périssables était faite sans couverture de froid, les pertes seraient augmentées de l'ordre de 30% », avec un budget alimentaire compte tenu de ces pertes qui s'accroîtrait en compensation de 20%. Ces chiffres correspondent aux estimations des pertes agricoles dans les pays en voie de développement, dans une fourchette basse, puisque l'on estime que les pertes vont jusqu'à 50% des récoltes faute de moyens de conservation.

Retour d'expériences contemporaines

De grands entrepôts réfrigérés sont disponibles dans le monde entier aux abords des villes, dans les zones portuaires ou aéroportuaires, sur les zones industrielles dévolues à la logistique. Les pays en développement sont eux aussi plus ou moins pourvus de ce type de structure et n'échappent donc pas à une forme classique de développement du stockage.

Ces entrepôts sont toutefois initiés par des sociétés capables d'investir dans de grandes unités et à la recherche donc de marchés solvables. Ils sont donc inaccessibles au petit producteur d'une part en raison de l'éloignement du lieu de production et d'autre part en raison de son absence de solvabilité.

Pour résoudre cette difficulté, il faut pouvoir accroître l'autonomie du producteur et abaisser les dépenses externes : c'est ce qui s'est produit avec l'émergence du moulin à vent. En décomposant les coûts d'une installation de stockage réfrigérée de taille moyenne, nous obtenons les données suivantes (ONU, 1989) :

- Coûts d'investissement 25%,
- Energie 40%,
- Maintenance 15%,
- Main-d'œuvre 10 %.

L'énergie est un poste majeur dans l'exploitation d'une chambre réfrigérée.

Pour réduire chaque poste, divers éléments sont à prendre en compte :

- 1. le producteur construit lui-même sa chambre froide. L'utilisation de matériaux locaux : argile, paille, terre crue chanvrée... donne la possibilité de construire le bâti avec des principes connus depuis l'Antiquité,
- 2. l'énergie solaire est inépuisable et donc permet de faire partiellement l'impasse sur le poste principal,
- 3. la main-d'œuvre est disponible gratuitement également puisque le petit producteur fabrique lui-même son entrepôt,
- 4. la maintenance est réduite de moitié si le système de conservation de l'énergie est exploité sans batterie.

Mise en adéquation de la capacité de refroidissement

Quel outil concevoir pour conserver au mieux les aliments dans les pays en développement ?

De nombreux projets devraient voir le jour dans les décennies à venir, tant le problème de la conservation est crucial.

Quel projet optimal devrait concentrer les efforts de financement ?

Des projets très coûteux et peu efficaces peuvent voir le jour, tout comme des projets très efficaces mais sans appui de la collectivité peuvent émerger très lentement. L'innovation, le développement procèdent beaucoup par essais-erreurs.

Deux cas distincts pour la période contemporaine doivent être envisagés :

- Le refroidissement en adéquation avec la cellule de production
- Le refroidissement avec la capacité de transport de l'individu.

Adéquation avec la cellule de production

1 - Si un individu est capable de pêcher 20 kg de poisson et que ce poisson peut dans des conditions à peu près stables se conserver pendant 5 jours autour de 5°, il faut envisager au total un dispositif pour contenir 100kg, soit 200 litres. Si l'on y ajoute un peu de culture vivrière, et le stockage de viande d'élevage, le dispositif devrait vite atteindre 10 000 litres. Dix mètres cubes d'entrepôts peuvent présenter l'intérêt de ne pas être trop chargés fiscalement – souvenons-nous de ce conflit sur les moulins à vent qui échappaient à l'impôt – car dès l'instant où les entrepôts sont petits, ils sera difficile de mettre en œuvre de lourdes taxes. C'est un atout pour assurer la phase d'accumulation primitive de capital.

Deuxième élément majeur, le dispositif doit bénéficier d'un système de refroidissement facile à comprendre. Un téléviseur est un outil extraordinairement complexe, mais il est très facile à comprendre pour un utilisateur. Il a y 30 ans, les télévisions d'aujourd'hui auraient sans doute eu des difficultés à être vendues car il faut connaître le maniement d'une télécommande : c'est une évidence aujourd'hui, ce n'était pas le cas il y a 30 ans. Donc pour une chambre froide, il faut que le mode d'emploi soit simple. Un kit doit pouvoir s'acheter et la construction doit pouvoir être mise en œuvre par l'utilisateur lui-même.

Troisième élément clé de la réussite : l'efficacité de la chambre doit permettre à l'utilisateur de visualiser d'emblée l'avantage dont il pourra bénéficier. Des chambres froides trop peu puissantes ne peuvent créer un choc positif pour le petit producteur. Les techniques existent, elles peuvent s'inspirer de techniques ancestrales pour la partie ventilation, évaporation et d'un système ultramoderne de captation d'énergie renouvelable.

Un système de chambre froide solaire pourrait apporter la solution en permettant d'un seul coup de réduire les coûts du producteur de façon drastique.

Adéquation avec la capacité de transport de l'individu

On peut s'étonner de ne pas voir sur les marchés des villes pauvres, de glacières pour transporter les produits frais. Il est évident qu'une simple glacière de 50 litres sur un vélo permettrait de faire la différence avec un concurrent sur le plan de la fraicheur.

Une explication peut tenir dans l'impossibilité de trouver une source de froid. Car une glacière est un dispositif étanche qui permet de maintenir une température donnée, mais elle ne permet pas de refroidir. Il faut donc la « batterie », le produit eutectique qui va générer du froid à température constante autour de 0°.

Dès l'instant où le producteur aura la possibilité de congeler, alors il a tout intérêt à utiliser une ou des glacières pour présenter ses produits.

Ici aussi, de nombreux progrès peuvent être accomplis dans le domaine pour mieux freiner les échanges thermiques sur les plans radiatifs, convectifs et advectifs. La glacière de marché reste à inventer.

Stock de produits frais et choc positif

L'émergence d'un petit entreposage de produits frais pour l'entrepreneur des pays en développement rassemble les conditions d'un choc positif et permet de créer une dynamique. L'intervention de l'Etat en tant qu'investisseur assure tout à la fois l'accumulation primitive du capital que ne peut assumer le petit entrepreneur et génère la croissance de l'entreprise au niveau microéconomique. Parallèlement, le petit entrepreneur peut, plus rapidement, générer des résultats économiques susceptibles de participer, par l'impôt, à l'évolution de son environnement. Même si les bénéficiaires de ces investissements ne peuvent générer des résultats identiques, ils pourront malgré tout changer leur pente de croissance et aussi bénéficier d'effets multiplicateurs comme le stockage fatal de produits complémentaires.

La motivation de la collectivité dans la constitution de stockage de produits frais va reposer sur la confiance dans le processus et ses résultats attendus. Il n'y a pas nécessairement d'archaïsme dans les pays en développement qui pourraient contrer ce mouvement vers la création de chocs positifs. Tout au contraire, dès l'instant où la collectivité peut percevoir la satisfaction d'un besoin majeur – la réduction drastique des pertes de récoltes –, des gains de productivité importants et durables, un fort contenu social et une diffusion facile, alors l'innovation est à portée de main.

Modèle de fonctionnement du stockage de produits frais

Les populations complètement à l'écart de toute civilisation se font rares sur la planète et généralement des oppositions technologiques apparaissent dans les contrées les plus reculées : des outils électroniques modernes d'échanges côtoient de plus en plus des outils ancestraux de production. C'est certainement l'une des principales caractéristiques des populations économiquement les moins avancés que d'être au contact de produits à la pointe de la technologie, lesquels peuvent tout à coup devenir accessibles.

Ce peut être notamment le cas de la production autonome d'énergie. Les recherches portées de plus en plus sur la préservation de l'environnement privilégient les productions sans transport d'énergie sur de longues distances et de ce fait l'utilisation de l'énergie solaire devient peu à peu à portée de main pour des producteurs dès lors qu'ils peuvent bénéficier d'« un coup de pouce ». Nous reviendrons sur ce concept de « coup de pouce ».

Ainsi, pour protéger ses récoltes de produits frais, l'agriculteur peut envisager de multiples solutions à la fois hautement technologiques pour capter l'énergie solaire et stocker cette énergie de multiples façons, par exemple sous forme de gel réfrigérant. Et parallèlement, il peut utiliser des techniques ancestrales de fabrication de sites relativement isothermes sous forme de petits entrepôts à base d'argile, de roseaux, etc. S'il a la capacité d'installer un système d'humidification des parois, l'évaporation de la journée va refroidir l'intérieur. Ou encore la construction de puits provençaux va permettre de faire entrer de l'air sec (ou asséché) qui va se charger de vapeur d'eau à l'intérieur et donc refroidir la chambre tout en assurant une circulation permettant d'éviter les moisissures.

Ainsi sur un espace relativement restreint de 100m² un agriculteur peut commencer à générer un stock de produits frais, en le construisant par ses propres moyens.

Le stockage de produits frais est intéressant en ce sens que ses bénéfices sont aisément perceptibles par des petits producteurs, pourvu qu'ils disposent des clés techniques d'accès à un système simple qu'ils peuvent s'approprier en le construisant partiellement eux-mêmes.

Avec un volume de 10 à 20 m^3 de possibilité d'entreposage frais, le petit producteur peut alors élargir considérablement sa clientèle. Si l'on considère que les besoins de stockage pour servir un client sont de 200 litres, une chambre froide d'une disponibilité de 50% de sa capacité totale en volume permettra dès lors de servir probablement 25 clients, 4 à 5 familles, contre peut-être une seule nourrie par l'agriculteur sans stockage.

Le cas du stockage de produits frais est intéressant en ce sens qu'il permet de se pencher sur différentes relations entre le producteur et la collectivité :

- la collectivité a besoin du producteur pour initier un programme de développement,
- le producteur a besoin de la collectivité pour décoller,
- la collectivité peut régler le curseur de son intervention à un minimum pour éviter les effets négatifs de l'assistanat,
- le stockage porte sur un secteur stratégique du développement : l'énergie.

Dynamique de l'accumulation primitive du capital et croissance de l'entreprise

La création d'un système de stockage de produits frais dans les conditions évoquées précédemment va permettre de créer une dynamique d'accumulation de capital et de croissance des entreprises individuelles.

C'est aussi l'émergence d'un nouveau type d'investissement axé sur le choc.

En effet, un choc positif est tout à fait plausible, même s'il est plus rare que le choc négatif, lui-même entrant dans la catégorie des événements stochastiquement impossibles.

Le choc positif rappelons-le doit créer un effet de croissance sur une tangente verticale. C'est un changement radical sur un élément de croissance qui fait faire un bond dans la vie d'un petit producteur. Ce bond doit être accessible évidemment et il ne permet pas au petit producteur de changer complètement de vie, mais, au moins, il fait gagner quelques années de développement avant de lui permettre de gagner une pente de croissance plus forte que celle qui le laisse dans une économie stagnante de subsistance.

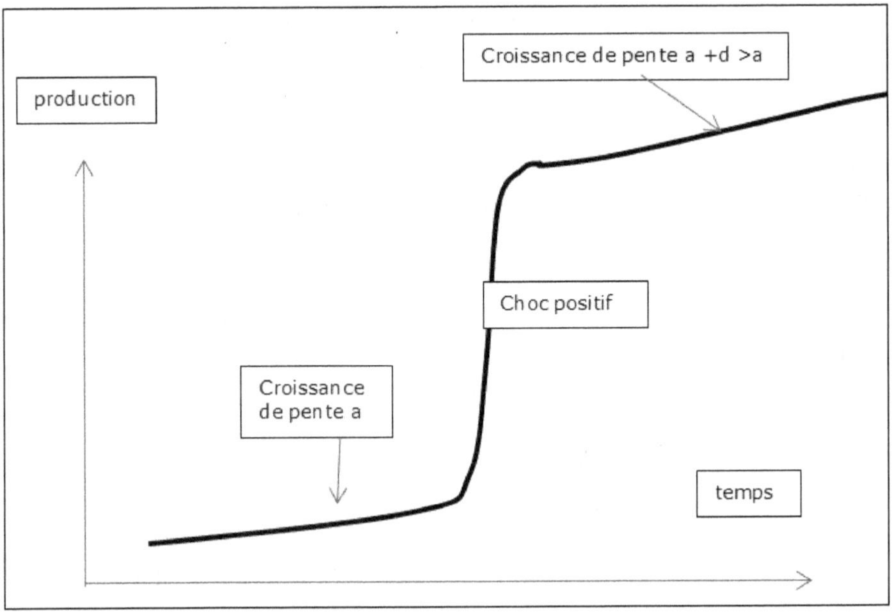

Les rendements décroissants dans le stockage chez le petit entrepreneur

La théorie économique nous apprend que la plupart du temps, au fur et à mesure de l'utilisation du capital ou du travail, les rendements diminuent. Une situation qui a pour conséquence un cheminement vers un état stationnaire pour les économistes classiques.

Le petit producteur dispose de deux leviers : son travail, le modeste capital qu'il accumule et qu'il convertit – pour l'exercice – entièrement en entrepôt.

Est-ce que son travail se situe sur une échelle de rendements croissants, décroissants ou constants ? Plutôt que de parler de rendement, il parlera de rythme de travail. Chaque producteur pouvant travailler à son rythme, il est probable que d'un individu à l'autre l'activité économique appuyée par un investissement en entreposage de produits frais n'aura pas un niveau identique.

En d'autres termes, à niveau de courage égal et niveau financier équivalent, la différence entre producteurs va porter sur la capacité à s'organiser, à gérer la combinaison productive entre capital et travail. Par exemple, un producteur qui disposera de son capital « entrepôt » surveillera mieux que son concurrent la température intérieure et donc bénéficiera d'un meilleur produit.

Est-ce pour autant que les producteurs dans l'ensemble verront arriver un état stationnaire, y compris à des degrés différents de réussite pour les uns et les autres ?

Trois situations peuvent être envisagées :

1. le producteur après son bond en avant, continue sur une lancée modeste et retrouve une pente de croissance relativement faible de 2 à 3% et constante (a + d) mais supérieure à la pente précédente (a) ;
2. le producteur après son choc positif bénéficie à plein des surplus qu'il engrange et donc augmente sa part de capital dans sa fonction de production ;
3. le producteur après son choc positif retombe à un niveau bas. Pourquoi ? parce qu'il n'arrive pas à utiliser cette innovation, qu'il préfère retourner à un mode de vie antérieur. La difficulté l'étouffe ou encore il a commis de nombreuses erreurs qui l'ont conduit à rater complètement l'utilisation de son entrepôt.

Développement du stockage fatal

Autant les chocs négatifs peuvent avoir des effets en cascade destructeurs, autant un choc positif peut aussi avoir des effets positifs immédiats en « bonds répétés ». Un exemple qui peut venir en tête est celui du stockage fatal.

Le stockage fatal peut se définir comme le stockage de produits complémentaires issus des autres productions. La pêche peut fournir une bonne illustration : le petit pêcheur relève de ses filets des sous-produits normalement invendables parce qu'ils sont difficiles à conserver à température ambiante. Et donc le producteur va pouvoir tenter de mettre immédiatement au frais des produits plus thermosensibles que ceux qu'il vend habituellement sur le marché.

Donc le stockage fatal, va permettre un saut de production supplémentaire, immédiatement lié à la création de la chambre froide. En reprenant le schéma précédent, nous obtenons

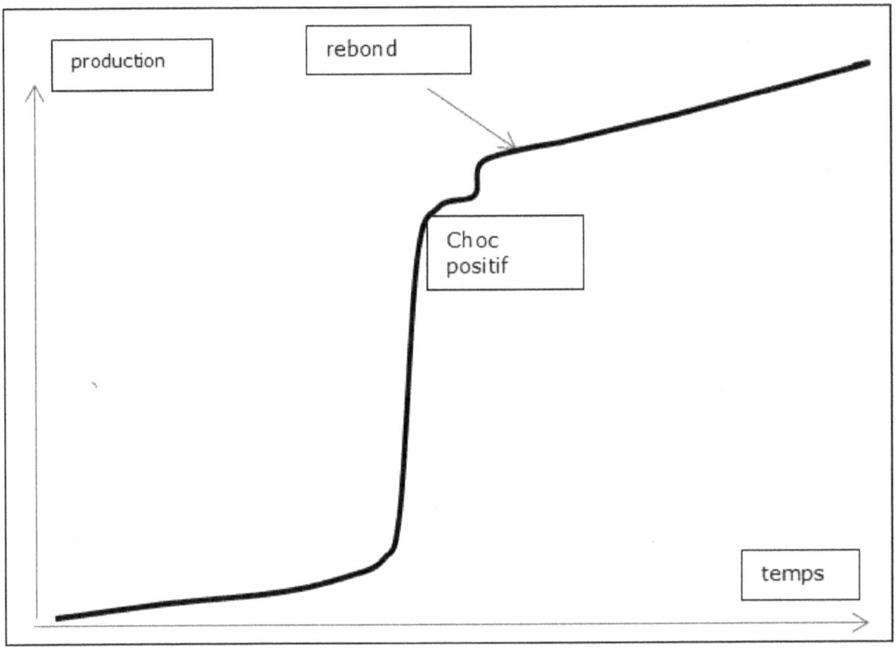

Le léger décalage que nous observons sur la courbe par rapport au choc positif initial, tient par exemple au fait que le petit producteur n'imagine pas tout de suite récupérer des sous-produits de sa pêche.

D'autres effets fatals peuvent apparaître d'un premier choc positif.

CHAPITRE 11

Innovations et entrepreneur

Le petit entrepôt frigorifique va apporter une croissance supplémentaire du revenu du petit producteur. Mais quelle place donner à ce nouvel outil ? Certes, le petit producteur y met son travail et la chambre froide va préserver le revenu du petit producteur. Certes, la chambre froide est un capital fixe qui constitue un actif de l'entreprise. En réalité, il n'est capital qu'au moment où conjointement la collectivité et le petit producteur investissent sur cette structure. La rémunération de ce capital, sera essentiellement un moyen pour la collectivité de récupérer des taxes et une imposition sur les futurs bénéfices du petit producteur.

Cette chambre froide va aussi permettre d'accroître le revenu du travail du producteur.

Au-delà, cet entrepôt a une troisième fonction et alimente un troisième facteur de façon essentielle : il rémunère la combinaison productive du travail et du capital de l'entrepreneur. Ce patrimoine que celui-ci se constitue devient un bien qui lui permet de développer son activité d'organisation, de gestion. Ce n'est plus seulement le petit producteur qui trie son poisson sur la plage (avec une activité de travail pur), il tente désormais d'utiliser au mieux – de combiner au mieux – l'activité au sein de son entrepôt.

Le concept d'innovation dans le développement

Les innovations dans les chambres froides dans les pays en développement correspondent aux critères définis par Patrick Verley (Verley 1997 ; Bourles and Verley 1999) pour observer les conditions initiales de la révolution industrielle. Selon ce spécialiste de l'histoire économique, un bien joue un rôle moteur dans une révolution industrielle quand il satisfait à 5 critères :

- un besoin majeur,
- une forte élasticité-prix,
- des gains de productivité importants et durables,
- un fort contenu social,
- une diffusion facile.

Chacun de ces critères mérite que l'on s'y attarde quelque peu car rien n'est évident dans le choix de ces critères de bon sens : un « besoin majeur » ou un fort « contenu social » peuvent très bien n'apparaître que longtemps après la diffusion de l'innovation. Le contenu social d'un produit textile, issu de la première révolution industrielle n'était peut-être pas perceptible immédiatement dans la deuxième moitié du XVIIIe siècle, de même que le besoin majeur de voitures au début du XXe.

Patrick Verley lui-même a tenté une clarification sur les causes des révolutions industrielles car après plus d'un siècle d'historiographie sur le sujet, un accord est loin d'être trouvé sur le processus de « révolution » et les liens entre innovations techniques, structures de production, invention du capitalisme industriel, essor démographique, etc.

Une approche de type historique nous amènerait à coup sûr non pas dans une impasse mais dans un brouillard total car chaque pays, chaque produit, chaque innovation a une histoire et un cheminement qui rend illusoire une définition précise de causes d'une dynamique d'industrialisation.

L'histoire de l'invention du bateau à vapeur par Denis Papin est une bonne illustration de la mesure d'une innovation à l'aune de l'entrepreneuriat. Denis Papin en 1707 construit le premier bateau à vapeur qui sera détruit par des bateliers jaloux craignant pour leur emploi et il meurt dans la misère à Londres en 1712. D'autres inventeurs, dans la même lignée, ont eu des sorts fort heureusement plus glorieux comme James Watt ou Richard Arkwright.

Ainsi, le bateau à vapeur n'a pas été ressenti immédiatement comme un « besoin majeur » et n'a pas généré la confiance des bateliers.

Pour rester sur l'exemple de la machine à vapeur, depuis Héron d'Alexandrie (IIe siècle) et son Traité des Pneumatiques, il était intéressant d'essayer d'ouvrir les portes des temples avec une machine à vapeur, vu la place des religions dans les sociétés tant en Orient qu'en Occident. Pourquoi donc jusqu'à Denis Papin ou Thomas Newcomen ne s'est-il quasiment rien passé ? Quel mécanisme s'est mis en place pour bloquer tous ceux qui au fil des siècles ont inévitablement découvert par hasard le principe de la Cocotte-Minute ?

La problématique est à peu près la même pour les chambres froides. Depuis plus de 10 000 ans nous disent les archéologues, des moyens de conservation alimentaire ont été mis en place avec des matériaux parfois très ingénieux. Pourquoi donc, aujourd'hui encore, peut-on gaspiller 30 à 50 % d'une récolte faute de moyens de conservation ? Faut-il y voir l'absence de besoins majeurs ? L'absence de perception de ces besoins ? L'absence d'un contexte de confiance ?

L'un des piliers de la réflexion sur le développement est évidemment l'innovation. Quelle place lui accorder ? D'où vient–elle ? Est-ce que la donne n'est pas en train de changer complètement puisque par exemple en 2010, l'Inde s'équipe de téléphones portables – objet emblématique qui n'existait pas dans les pays développés il y a 20 ans - au rythme de 20 millions d'abonnements par mois ? Les économistes, focalisés essentiellement sur l'échange et l'équilibre, l'ont-ils vraiment prise en compte ? Jean-Louis Caccomo, spécialiste de la théorie des innovations, a sans doute raison d'estimer qu'il reste « tellement à apprendre » d'un « immense iceberg » (Caccomo 2006).

La révolution industrielle a marqué le départ d'une accélération des innovations au XIXe siècle, à une époque où parallèlement on se pose le problème de « l'extinction du paupérisme » pour reprendre la formule et le titre d'un ouvrage de Napoléon III (Louis-Napoléon 1856). L'histoire s'est rédigée, ponctuée des grandes inventions et d'une 2e, puis d'une 3e révolution industrielle. La notion de cycles, ceux de Kondratieff en particulier, a permis d'intégrer aisément les avancées technologiques dans la théorie économique. Il reste que, depuis une vingtaine d'années, le rythme des innovations est tel qu'il paraît impossible de décrire le progrès technique avec une notion basique de cycles. Certes, une innovation « perturbe » un équilibre établi et entraîne un certain nombre de modifications jusqu'à ce qu'un nouvel équilibre, sur un marché donné apparaisse, c'est ainsi que Schumpeter présente le *Business cycle*.

Mais, cette approche ne peut désormais suffire à décrire les bouleversements technologiques et leur empreinte sur l'économie. Là où, par exemple, des revues de vulgarisation scientifique en France comme *La Recherche*, *Science et Vie*, *Science et Avenir*, évoquaient il y a une vingtaine d'années, un ou deux progrès significatifs à chacun de leurs numéros, aujourd'hui ce sont des dizaines d'innovations majeures qui sont décrites, chaque mois, dans leurs colonnes. Plus généralement, la croissance du nombre de chercheurs au niveau mondial reflète bien cette mutation : l'Institut Statistique de l'UNESCO (ISU) (Unesco août 2011) a montré une augmentation de 56% des chercheurs dans les pays en développement entre 2002 et 2007. Dans le monde, le chiffre global est passé de 5.7 à 7.1 millions. Il n'est probablement plus loin, en 2015, de 10 millions d'individus. Dix millions de personnes qui, en théorie, une fois leur découverte faite, créent une nouvelle base pour aller plus loin dans les découvertes et contribuent donc, par l'accélération qu'ils impriment aux connaissances scientifiques, à fournir des rendements croissants à l'économie. C'est une mutation assez prodigieuse pour ces vingt dernières années, qui, de fait, rend obsolète l'idée même d'une 4e révolution industrielle qu'on ne saura jamais fixer chronologiquement. Les cycles cumulés de chaque innovation anéantissement l'idée globale de cycle économique.

Adam Smith fut sans doute l'un des premiers à percevoir dans la richesse des nations, l'importance des hommes pour la croissance économique, inspiré par des auteurs comme Jean Bodin : « il n'y a ni richesse ni force que d'hommes » (Bodin 1576). Arrow l'a bien intégré dans son approche de la « croissance endogène ». Et l'idée de Jean-Louis Caccomo a été de (re)placer désormais l'innovation au cœur de la théorie économique trop centrée sur l'échange. L'échange est une dimension humaine qui évolue parallèlement à la perception d'une propriété : en étant propriétaire de son travail et d'un certain nombre de biens physiques, au minimum un morceau de territoire qu'il défend ou conquiert, il dispose d'une base pour échanger et arriver à un équilibre. La notion de recherche d'équilibre est d'ailleurs liée à la notion de recherche de paix au niveau des Etats, des tribus, des clans. L'équilibre en économie perd ou perdra de son intérêt, certainement lorsque sera atteint globalement au niveau planétaire un équilibre territorial. D'autres concepts liés à l'activité humaine émergeront plus facilement, comme c'est déjà le cas. L'innovation en fait partie et il reste non pas à l'enchâsser dans le facteur travail ou le « capital humain », mais à en faire une théorie à part entière.

Cette approche n'est pas tout à fait secondaire car en mettant l'innovation au cœur de l'économie – ce n'est bien évidemment pas l'objet de notre théorie, centrée sur la dynamique – on peut approcher les problèmes de développement de façon un peu transversale, en considérant que si l'échange est une dimension de l'homme, essentielle pour envisager l'amélioration de son sort, l'innovation en est une autre. Cela permet de sortir d'un débat sur la capacité – et les capabilités – de l'être humain à accumuler un capital. Cela permet d'affirmer que l'innovation est fondamentale dans la nature humaine et ne dépend pas d'un « chemin » de croissance ou d'apprentissage. En poussant à l'extrême, il est possible de réfuter l'idée de sociétés archaïques qui vivraient centrées sur leurs traditions et leurs rituels. Une société ne se fige en réalité que si elle se sent menacée. Le créateur de l'ethnographie française, Arnold Van Gennep (Van Gennep 1933) a bien mis en parallèle les rites avec l'accroissement des guerres : pour faire simple, plus une société, plus une communauté est perturbée et doit faire face à des dangers ou des changements, plus elle va se rassurer par la multiplication de rites.

Nous posons comme postulat que

toute collectivité tout individu, peut être très innovant et il n'y a pas nécessairement une corrélation avec un état présent de développement ou d'archaïsme, ou encore un niveau de développement des échanges

Il n'y a pas d'étapes à franchir, de capabilités à acquérir pour innover. Il convient essentiellement de repérer la motivation (pour échapper à la notion d'intérêt) d'un individu ou d'un groupe à s'approprier – donc à imiter dans un premier temps – des innovations existantes ou proposées.

L'individu qui s'empare d'une innovation est nécessairement entrepreneur : il crée une dynamique à travers ses convictions que « ça va marcher ».

Points de vue classiques : Schumpeter, Keynes

Schumpeter

Schumpeter aborde la dynamique de l'entrepreneur à travers sa formulation de la « destruction créatrice » (Schumpeter 1994) et plus encore de « grappes d'innovation ». L'idée de destruction créatrice est censée refléter la motivation des entrepreneurs : ceux-ci engagent des ressources pour développer et exploiter des technologies nouvelles. Et tant qu'une innovation concurrente, plus performante n'est pas là, l'entreprise innovante réalise du profit. Pour Schumpeter le profit se construit sur l'élimination des innovations de la génération précédente.

Le « clustering », la grappe d'innovation se développe presque toujours au creux de la vague dépressionnaire : une première innovation réussie va entraîner la confiance d'autres chefs d'entreprise qui vont s'en emparer pour aller au-delà et créer d'autres innovations (Schumpeter 1982 ; Schumpeter 1994 ; Schumpeter and Boody Schumpeter 1994 ; Schumpeter 2009).

Ainsi pour Schumpeter – c'est une interprétation – la confiance commencerait à apparaître dans les pires des périodes économiques. Cette dynamique, les entrepreneurs vont la rechercher également auprès des financeurs qui eux-mêmes se laissent séduire dans des périodes où tout les inciterait à faire le dos rond et à ne pas accorder de crédit. Enfin, l'offre d'innovation sur le marché vient bouleverser les habitudes de consommation. Le consommateur est amené également à faire confiance dans les nouveautés qui lui sont proposées.

Schumpeter ainsi nous met sur la voie de la dynamique de croissance avec un personnage central qui va créer une combinaison nouvelle de capital et de travail : l'entrepreneur.

Keynes : l'incertitude et l'innovation

Pour Keynes l'incertitude en économie est un concept fondamental. Il fait apparaître cette notion dans les années 20 lors de la publication de son ouvrage « Treatise on Probability » (Keynes 2004). Un ouvrage qui reste en filigrane 10 ans plus tard dans sa Théorie Monétaire de Production, affinée par la publication en 1936 de la Théorie générale de l'Emploi, de l'Intérêt et de la Monnaie.

Cette incertitude est un élément clé dans l'état de la prévision à long terme, même s'il lui semble « absurde lorsque l'on forme des prévisions, d'attacher beaucoup de poids aux choses très incertaines ».

L'entrepreneur pour se décider va extrapoler des variables actuelles sur le rendement : taux d'intérêt, demande, prix, salaires… Dans ses calculs, il va probabiliser son espérance mathématique de gains et il va faire preuve d'une plus ou moins grande confiance dans l'avenir :

« l'état de la prévision à long terme, sur lequel nos divisions sont fondées (l'efficacité marginale du capital) ne dépend pas seulement de la prévision la plus probable que l'on peut faire. Il dépend aussi de la confiance avec laquelle on la fait, c'est-à-dire de la probabilité que l'on assigne au risque que sa prévision la mieux établie se révèle tout à fait fausse ».

C'est dans le chapitre 12 de la Théorie générale – un chapitre fondamental dans sa réflexion – qu'il explique comment va se déterminer l'équilibre de long terme. Il y souligne que la situation d'équilibre n'est pas déterminée par les conditions de l'offre comme dans la théorie classique, mais elle dépend des anticipations qui vont affecter la demande. La place de l'incertitude sur l'avenir rend donc une stabilisation de l'économie difficile par nature puisque chaque étape génère un état particulier de la confiance (Keynes 1936).

L'investissement selon Keynes va donc dépendre de l'état de confiance dans l'avenir des affaires, à la fois général et personnel. Et donc pour Keynes si la forme de la courbe d'efficacité marginale du capital est à prendre en compte, c'est surtout sa position dans le plan qui est utile, une position sur laquelle l'Etat peut et doit agir. Keynes admet que les résultats d'une politique économique – qu'il s'agisse de faire baisser les taux d'intérêt ou d'accroître les dépenses gouvernementales – va dépendre largement de l' « état de la confiance » : les décisions d'investir ou non dans une machine, une technologie, un produit dépendent beaucoup plus de facteurs subjectifs, psychologiques, sociaux que du niveau des taux d'intérêt : « le calcul exact des bénéfices à venir y joue un rôle à peine plus grand que dans une expédition au pôle Sud » (Keynes 1936) – TG, chap. 12, section VII.

Les aspects mécaniques de la théorie keynésienne ont donné naissance à un courant qualifié d' « hydraulique » parce que les anticipations y sont une donnée et que la stabilisation par la politique économique est facile et quasi mécanique. Mais cette interprétation masque difficilement l'économiste psychologue et pragmatique qu'est Keynes, qui évoque le rôle crucial de l'état de l'opinion et l'état de la confiance sur les marchés.

Keynes, du fait même de ses fonctions et de sa participation à la vie politique anglaise, est amené à s'intéresser aux leviers macroéconomiques de la confiance. Nous devons dit-il : « chercher à recouvrir [ces] récifs par une marée montante de confiance et de courage » (Keynes 24 mai 1924). Il n'en délaisse pas pour autant le niveau microéconomique de celui qui est amené à gérer les anticipations : l'entrepreneur. C'est d'ailleurs une difficulté exprimée par les épigones de Keynes qui ont eu à se pencher sur la Théorie générale. Keynes formule des processus à un niveau macroéconomique, où se confrontent l'offre et la demande globales, alors que le niveau pertinent pour traiter la décision des entrepreneurs est le niveau microéconomique avec une demande effective anticipée à l'échelon individuel (Van de Velde and Cordonnier 1999).

La figure d'entrepreneur est omniprésente (Orio and Quiles 1999) dans la Théorie générale, mais finalement assez peu théorisée. C'est ce qui rend l'apport keynésien si difficile d'interprétation, et le principe de la demande effective, si ambigu. Il y a en quelque sorte deux formes d'entrepreneurs chez Keynes, et ce n'est pas vraiment un détail car la théorie générale s'appuie principalement sur une notion toute psychologique et du ressort de l'entrepreneur : l'anticipation dans un univers d'incertitude. Il y aurait l'entrepreneur individuel « représentatif » dans la tradition marshallienne et l'entrepreneur « collectif » pris comme un tout, indispensable à la construction macroéconomique keynésienne, mais Keynes n'explique pas comment il procède pour réaliser l'agrégation des deux niveaux (Orio et Quiles 1999) . On en est réduit à se limiter à deux perspectives relativement autonomes, micro et macroéconomique : « chacun gère au niveau du risque, tandis que l'ensemble est marqué du sceau de l'incertitude ».

En quelque sorte, l'entrepreneur est un peu l'outil qui conduit Keynes à formuler ses conclusions sur la politique économique, en partant de la demande effective de court terme, jusqu'à l'équilibre de long terme.

Il n'en reste pas moins que la notion de dynamique entrepreneuriale reste sous-jacente que ce soit au chapitre 3 de la Théorie générale portant sur la définition de la demande effective, comme au chapitre 12 sur l'état de la prévision à long terme. En réalité, l'entrepreneur « représentatif » individuel et personnage central chez Keynes n'est intéressant que pour aboutir à choisir les meilleurs leviers de l'action collective. C'est là, la limite de l'approche keynésienne.

Ce personnage qui anticipe pour investir est étroitement lié à l'état de confiance de la collectivité, donc à la capacité de générer une dynamique publique de croissance.

L'investissement de la collectivité

L'entrepreneur n'est jamais seul, mis à part dans la théorie économique. Une communauté existe *de facto* dans l'environnement du petit entrepreneur. En effet, si le petit paysan est seul sur ses terres, il ne l'est pas vraiment pour l'organisation de son village : des tâches sont plus ou moins déléguées à des spécialistes pour faciliter le fonctionnement de la communauté : l'enseignement, les soins, la sécurité, etc. Dans le domaine économique, la communauté, en fonction de son histoire, peut organiser les stocks alimentaires, les semences…

A travers une mission sociétale, elle peut alors se préoccuper des investissements de la communauté organisée en coopératives.

Est-ce que la donne change pour l'individu ? Probablement, mais moins que si le petit entrepreneur se mobilise pour assurer sa survie. Le choc a davantage d'impact lorsqu'il s'adresse à un individu qu'à une collectivité. Pourquoi ? Parce que la collectivité gère de nombreuses fonctions qui ne sont pas économiques et dès lors, la création d'un choc positif ne peut que se diluer dans un ensemble de préoccupations qui peuvent atténuer l'impact du choc positif.

La quatrième fonction économique de l'Etat

L'Etat sur le plan économique est généralement reconnu pour trois fonctions majeures : la régulation de l'activité économique cyclique, l'allocation de ressources pour corriger des situations (par exemple se préoccuper de l'environnement) et la redistribution pour améliorer, en particulier, la situation des plus démunis (Musgrave 1959).

En réalité, il manque une **fonction économique majeure de l'Etat** qui est celle d'acteur économique à part entière et plus précisément encore celle d'**investisseur** : c'est la quatrième fonction de l'Etat qui manque à l'approche de l'économiste américain Robert Musgrave.

Cette fonction ne relève pas de l'allocation de ressources qui viendraient à combler un vide : par exemple l'Etat intervient pour lancer des satellites ou créer des stations d'épuration. Au-delà de missions d'interventions volontaristes ou correctives, l'Etat à un rôle majeur dans le développement économique qui lui est propre et intrinsèquement lié à l'aventure d'une nation : celui de soutenir son activité économique.

Il est intéressant de constater qu'à l'époque de Richard Musgrave, ce rôle n'est pas clairement identifié. Aujourd'hui, existent dans de nombreux pays des fonds souverains d'investissement direct dans l'économie. Mais l'investissement des Etats ne s'arrête pas à cette approche. Des Etats ont commencé à intervenir directement dans les économies par le biais de subventions massives directes aux entreprises innovantes en création (Lorenzi and Villemeur 2009).

Depuis 1982, le Small Business Innovation Research est aux Etats-Unis le plus grand programme d'amorçage technologique au monde. Des entreprises en création, dans une première phase, reçoivent une subvention de 100 000 $ pour mettre en œuvre un projet. Dans une deuxième phase de 2 ans, elles perçoivent une nouvelle subvention dont le montant moyen est de 750 000 $. Quel est alors le calcul de l'Etat ? Celui d'un investisseur et il ne « subventionne » qu'en apparence – les Etats-Unis sont de ce point de vue aujourd'hui le premier subventionneur d'entreprises privées, et la Chine a suivi également cette voie – mais recherche une contrepartie relativement peu classique, non pas faite de dividendes, mais d'impôts futurs : plus l'entreprise accélère la phase de départ en accumulant un capital, plus ses promesses de développement et sa solvabilité sont renforcées.

En réalité, ce principe d'investissement n'est pas nouveau. Les exemples d'aventures entrepreneuriales financées par le pouvoir sont multiples. Ne serait-ce par exemple que les expéditions de Christophe Colomb dont les entreprises ont été financées par Ferdinand d'Aragon et Isabel de Castille. Plus loin encore dans le temps, les civilisations comme celles de la Mésopotamie ont bâti leur force sur le financement à la fois par le pouvoir civil et religieux d'une économie conquérante.

Ainsi, l'Etat pour sortir du sous-développement a tout intérêt à financer l'accumulation primitive du capital d'un petit entrepreneur. Financer une innovation modeste – une chambre froide autonome de petite taille – revient à créer un choc positif qui permet au petit entrepreneur de changer de trajectoire et de consolider quasi instantanément sa situation.

Le capitalisme revisité par Thomas Piketty : une erreur fondamentale

L'Etat dans cette distribution primordiale du capital peut être tenté par tout autre chose : la redistribution au nom d'une justice sociale. Les conséquences sont diamétralement opposées.

Regarder le capital par le prisme de l'inégalité pour en faire un seul objet de redistribution est une erreur fondamentale. La contrainte exercée sur la redistribution casse toute dynamique et aboutit au résultat inverse de celui qui est attendu : la redistribution génère la pauvreté en cassant toute nécessité d'entreprendre. Si **le don** est nécessaire et existe dans toute collectivité depuis la nuit des temps, **sa principale vocation est de susciter une accumulation primitive de capital**. La dotation par exemple d'un jeune couple, au-delà des rituels, permet un amorçage d'activité. La redistribution n'a pas cet objectif. Il ne fait que créer une rente sociale.

Les mythes ont la vie dure. La division du monde entre capitalistes et « travailleurs » continue tout à la fois de s'affiner et de s'affirmer. Thomas Piketty dans son livre à succès sur le capital au XXIe siècle en apporte une démonstration étonnante (Piketty 2013). L'idée de l'ouvrage est de montrer que le capital demeure un outil des puissants contre les plus démunis. Il va évidemment dans le sens des chiffres régulièrement publiés sur l'augmentation insolente de la fortune des plus riches.

En apportant sa pierre à la réflexion sur le capital, Thomas Piketty, plus d'un siècle et demi après Marx n'échappe pas à un débat sur les « inégalités insoutenables » que le capitalisme produit. La question de la répartition des richesses est, il est vrai, une question centrale, mais en même temps, il semble que le temps se soit figé depuis Zola... d'un côté les riches sont riches de l'autre les pauvres ne sortent pas de leur condition. Et donc ce n'est pas juste. Mais, il reconnait lui–même dès les premières pages que le résultat n'est pas aussi apocalyptique que le prévoyait Marx. Le fil conducteur de son ouvrage est évidemment de savoir jusqu'où prendre aux riches pour donner aux pauvres. Cette analyse se heurte à une notion de base, toujours la même que Marx n'a pas non plus détaillée : la dynamique de l'accumulation primitive de capital. Piketty n'échappe pas au romantisme du XIXe siècle en se référant régulièrement à Balzac, Zola et quelques autres pour démontrer l'inanité du monde. Une vision plus actualisée de la richesse conduirait aujourd'hui à feuilleter la presse people qui nous décrit l'inaccessible richesse de quelques-uns. Mais si Thomas Piketty veut bien nous parler du Père Goriot de Balzac, il ne nous dira rien de Madonna qui pourtant a débuté comme simple serveuse dans un bar de Lille. Non, en suivant « le capital au XXIe siècle » on peut juste comprendre que Madonna est riche parmi les riches et que ce serait bien de rééquilibrer avec les plus pauvres.

L'ouvrage est tout de même intéressant mais au même titre que l'actif et le passif d'un bilan d'entreprise peuvent l'être : il apporte une image figée, certes descriptive, mais qui dit peu de l'action du chef d'entreprise et de la politique qu'il mène.

Les mauvaises relations de Thomas Piketty

Thomas Piketty veut retrouver les principes de Karl Marx avec, disons, une vision plus moderne et expurgée – du moins le pense-t-il -, des lourdes erreurs du communisme et revient sur des relations qu'il qualifie de lois, entre l'épargne, le capital, le travail. Il explore des montagnes de données au niveau des Etats du monde entier et fort de séries historiques qui lui paraissent solides, il établit que le rendement du capital multiplié par un ratio s/g qui exprime le niveau d'épargne sur la croissance nous délivre la part du capital dans le revenu. Cette relation constitue un retour sur les travaux d'Harrod et Domar et accessoirement sur la fonction de Cobb-douglas pour les critiquer. Sauf que Cobb et Douglas nous parlent d'une fonction qui exprimait le rapport à peu près observé entre le capital investi et le travail ; Mais au moins ces deux auteurs ont reconnu avoir utilisé une fonction mathématique *ad hoc,* c'est-à-dire une fonction qui correspond à leurs observations. Jamais ils n'ont défendu une « loi » comme celles que l'on retrouve dans les sciences « dures » de la physique.

Bardé des certitudes que lui procurent des séries historiques compulsées avec toutes les apparences de la science, Thomas Piketty nous délivre le message complètement faux de la dualité capital – travail : en partant sur de mauvaises bases, il ne peut que replonger dans les errements d'un passé fiscalement catastrophique, sa conclusion étant que faire payer les riches est finalement bon pour tout le monde. Cette générosité cent fois revisitée aboutit en fait à une autre réalité : quand les riches maigrissent, les pauvres meurent.

Eloignons-nous de la polémique pour revenir sur les raisons pour lesquelles la démonstration de Thomas Piketty est complètement fausse.

Il reprend la séparation classique entre le travail et le capital : d'un côté des gens qui travaillent, de l'autre des gens qui vivent de leurs rentes, qui « ne font rien » et qui par miracle sont riches. Donc en d'autres termes, la distinction se fait entre ceux qui n'ont pas de chance, il leur faut un revenu et ceux qui surveillent leur compte bancaire et le Wall Street Journal pour savoir où gagner le plus. Les riches – pour faire simple, mais malheureusement, c'est ainsi que se font toutes les démonstrations marxistes – achètent des machines qui rapportent et sur lesquelles des malheureux usent leur santé. On se représente bien l'attitude de celui qui se tourne les pouces en regardant les damnés de la terre, et qui a la chance de son côté. D'ailleurs, Thomas Piketty fait d'incessantes allusions à des romanciers comme Balzac ou Jane Austen pour bien montrer qui sont ces rentiers. Malheureusement le Père Goriot ne fait que nous donner une vision sensible de notre société, sans nous donner aucune clé pour transformer la situation. L'exceptionnel talent de ces auteurs ne peut que nous apporter des sensations et des sentiments.

En gros le raisonnement est le suivant : à long terme le taux de croissance est toujours très faible. Et donc la relation s/g ou encore r.s/g va s'avérer catastrophique car plus le rendement du capital, nourri d'une forte épargne est élevé et plus la part du capital dans les revenus va s'élever. Ainsi observe-t-il dans les périodes les plus difficiles, où le taux de croissance est le plus faible les riches s'enrichissent plus facilement grâce à un patrimoine alors que les pauvres se répartissent les restes des revenus issus de la faible croissance. Et donc bien évidemment il faut rétablir les choses en faisant payer les riches. CQFD.

Les difficultés surgissent quand il faut commencer à répartir les revenus entre deux blocs : pour le travail salarié on le voit bien, ce sont les exploités, mais pour les capitalistes les revenus viennent de la rente, de l'épargne certes mais également de l'industrie. Et c'est là que le bât blesse : quand le boulanger fait la pâte le matin sur sa machine c'est un exploiteur qui s'exploite lui-même et ça ne compte pas, seul compte dans son travail le moment où le mitron vient prêter main-forte. Les choses deviennent alors limpides : un propriétaire capitaliste – le boulanger – exploite une main-d'oeuvre docile – le mitron – en le payant le moins possible pour donner la meilleure rentabilité à sa machine. L'histoire serait crédible si, au milieu de leur vie, les boulangers se retrouvaient tous ou presque à fumer de gros cigares dans les plus beaux hôtels de la Côte d'Azur. En réalité, les boulangers comme des millions de petits entrepreneurs joindront, toute leur vie, juste les deux bouts pour vivre, bien qu'ils soient propriétaires de fours et de pétrins. Le rendement donc de leur propriété restera extrêmement médiocre. Seules quelques exceptions – et c'est celles-là que retiendront les marxiens ou marxistes – sortiront du lot et parviendront à créer des chaînes de boulangeries ou des usines de pâte à pain, et finalement sortiront des bénéfices à la fois de leurs machines et aussi en « buvant le sang des travailleurs ». Le boulanger est alors passé du statut d'autoexploiteur à celui d'exploiteur tout court, et il suffirait de diviser le résultat financier du boulanger à succès pour voir comment chaque machine lui rapporte. Bref la fable est jolie mais elle a fait beaucoup de dégâts.

L'une des erreurs de Thomas Piketty, est, tout comme Karl Marx, de ne pas intégrer dans le raisonnement le principe de départ de l'accumulation du capital, et également toute la dynamique du capital. Les riches ne sont pas toujours riches et les pauvres pas toujours pauvres, loin de là. Donc ce n'est pas en figeant un rapport entre capital et travail que vient la solution du développement harmonieux ou viendrait d'une révolution profitable au plus grand nombre.

Encore une fois les facteurs capital et travail pris isolément ne peuvent faire fonctionner l'économie. Il faut absolument intégrer l'entrepreneur comme facteur de production pour donner sa place au boulanger et pour ainsi dire à tous les boulangers – aussi bien ceux qui travailleront éternellement seuls que ceux qui créent une chaîne de boulangeries. Le facteur entrepreneur est le seul à assurer la combinaison productive. Et même si la taxonomie reste simple – trois facteurs pour expliquer l'activité productive – cette fois elle fonctionne parfaitement et donne les clés du développement.

Par ailleurs la dynamique est aussi extrêmement importante dans l'évolution d'une économie.

La mobilité dans les revenus donne pour les pays développés des indices intéressants qui démontrent qu'il faut absolument sortir du cadre figé exploiteurs-exploités. Nous avons vu des pauvres victimes de plusieurs chocs redoutables au cours de leur vie. Dans les pays développés, les chutes et les rebonds sont également très présents. Ils se lisent dans les statistiques des ménages mais aussi dans les statistiques des plus riches fortunes.

L'un des écueils auxquels n'échappe pas Thomas Piketty est d'analyser les patrimoines comme une entité globale. Ainsi, il affirme, à juste titre, que les patrimoines élevés sont principalement financiers (p. 444). Mais comment juger un patrimoine économique pour un entrepreneur qui part de rien et qui à la force du poignet finit par valoriser son actif économique en lui donnant une valeur financière. C'est la réalité de millions de PME où des acteurs économiques qui finissent par développer leur affaire, parfois au bout d'une génération. Doit-on pour autant considérer que ce patrimoine est le fruit d'une injustice criante ? Et pourtant l'accumulation de machines, l'augmentation du nombre de salariés, tous ces « input » viennent du fruit de la capacité de l'entrepreneur à assurer la « combinaison productive ». Est-ce réellement important de savoir qu'au terme d'un parcours entrepreneurial exceptionnel un Bill Gates a accumulé un patrimoine financier hors norme ? Est-ce intéressant de lui accoler une valeur morale : juste ou injuste. Et que peut-il faire de ce patrimoine qui vaut des dizaines de milliards ? En accumuler davantage ? est-ce que tout donner aux pauvres a un sens ? Est-ce que tout donner à l'Etat qui ensuite va se charger de tout donner aux pauvres a un sens ? Est-ce que tout donner peut permettre de maintenir la combinaison productive en état et permet à l'entreprise de perdurer ? Ce débat est à la fois d'un autre âge et au cœur du processus de non-développement : l'Etat régulateur comme l'Etat dictatorial peuvent faire fausse route en gérant en direct la combinaison productive, c'est-à-dire en retirant à l'entrepreneur qui réussit – le koulak – les moyens de poursuivre son action au nom d'une idée très théorique de la justice. Des dictatures comme la dictature chinoise ont réussi sur le plan économique précisément en considérant que la régulation économique ne devait pas conduire à une anesthésie de l'entrepreneuriat.

Côté justice et égalité, il suffit de prendre en considération par exemple un salaire tout à fait moyen de professeur d'Université et de détacher ce fonctionnaire dans un pays en développement. Sa première surprise en arrivant dans un pays « sous-développé » est de constater qu'en ville la vie n'est pas moins chère que dans les pays occidentaux et que la coupe de cheveux à 1 euros n'est pas vraiment pour lui. Imaginons que les autorités conscientes de sa place privilégiée lui disent que finalement son salaire – admettons un revenu net mensuel de 3000 euros – soit considéré comme particulièrement injuste par rapport à un salaire d'un autochtone à 150 euros par mois. Quelle sera sa réaction si on lui annonce que son revenu est imposable à 80% de ses revenus pour rétablir la justice ?

Thomas Piketty part d'une réflexion évidemment intéressante, celle de la répartition du capital entre individus. Mais sa vision – et c'est un écueil majeur de la macroéconomie – à force d'agrégation de données, ne signifie plus grand-chose. Son constat principal est d'observer un rendement durablement supérieur du capital à la croissance économique des sociétés, lequel conduit tout aussi durablement à une très forte concentration des patrimoines. Il observe que la concentration des patrimoines conduit à ce que la moitié de la population ne détienne finalement que 5% du patrimoine et le décile supérieur en revanche possède généralement 60%, voire parfois 90% du patrimoine total.

Son idée majeure est alors de dire qu'il faut une intervention de l'Etat pour obtenir, par une fiscalité redistributive, davantage d'égalité. Ce bon vieux principe d'égalité de la Révolution française n'a pas eu le succès escompté à travers l'histoire et il fait lui-même le constat que tout au long du XIXe siècle la concentration des patrimoines n'a fait que progresser (page 577) et elle a atteint à la Belle Epoque un niveau plus extrême encore qu'au moment de l'introduction du Code civil, censé donner à chacun la même égalité de droits face au marché et à la propriété. Cette concentration, relève-t-il, est à peine plus faible qu'au Royaume-Uni, monarchique et aristocratique.

En utilisant la World Top Incomes Database, il cherche à analyser les inégalités sur toute la planète avec de nombreux autres économistes, mus par le même désir de trouver la juste clé de répartition.

Les 1% des héritiers parisiens les plus riches disposaient à la Belle Epoque d'un patrimoine leur permettant de financer un niveau de vie de l'ordre de quatre-vingts à cent fois plus élevé que le salaire moyen de l'époque, tout en réinvestissant une petite partie du rendement du capital de façon à faire progresser légèrement le patrimoine reçu. Un changement se produit dans l'entre-deux-guerres, ce qui montre selon Thomas Piketty que « l'euthanasie des rentiers », appelée de ses vœux par Keynes est vérifiée dans les faits. Cette déconcentration des patrimoines a été rendue possible selon lui par une imposition ciblée. Et sa conclusion est sans appel : « il serait illusoire d'imaginer qu'il existe dans la structure de la croissance moderne ou dans les lois de l'économie de marché, des forces de convergence menant naturellement à une réduction des inégalités patrimoniales ou à une harmonieuse stabilisation ». D'où, bien sûr, l'idée de créer un impôt mondial sur le capital.

Thomas Piketty qui écrit son ouvrage au moment où il influence une politique socialiste issue de l'élection présidentielle de 2012 en France, a des réflexes très français d'augmenter les impôts de façon congénitale pour un rêve d'égalité. A n'en pas douter on lui doit beaucoup des deux premières années de l'augmentation de la fiscalité des ménages en France où le riche doit être débusqué partout où on le peut au profit des pauvres. Sauf que les prémices d'une application de la surimposition pour un seul pays se révèle déjà désastreuse : dans certaines catégories d'activités, telles les services à domicile, la suppression de d'allègement fiscal pour inciter les Français à régulariser une activité non déclarée aboutit très rapidement à une disparition massive d'emplois déclarés et un retour au travail au noir. L'impôt tue l'impôt : ce vieil adage est une réponse classique – et cruellement vérifiée – au rêve de l'harmonieuse répartition par la fiscalité.

L'impôt sur le capital est une mauvaise réponse à une bonne question. Il est difficile d'entrer dans des débats occidentaux pour le démontrer tant les positions sont tranchées. Mais il est relativement aisé de montrer pourquoi il est parfaitement stupide d'imposer la fortune de façon indifférenciée en pensant que prendre aux riches sert les pauvres.

La fable d'un universitaire dans la jungle

Prenons le cas d'un universitaire français qui arriverait dans la jungle africaine pour étudier les inégalités et proposer une juste répartition pour… pour quoi au fait ?

Admettons que le motif de créer une communauté harmonieuse soit légitime. Mais voyons l'impact d'une politique fiscale plus juste dans la jungle.

Dans un village, du fait de dots, d'héritages plus ou moins heureux et d'aléas, trois couples démarrent dans la vie avec des chances très inégales :

Le premier dispose de 3 chèvres, le second de 30 et le troisième de 300 chèvres. Le jeune propriétaire de 300 chèvres ressemble à s'y méprendre au rentier de la Belle Epoque en France qui avait le privilège de faire partie du premier centile. Le second serait plutôt le cadre sup. Quant au premier, il aurait la malchance de démarrer comme smicard.

Chacun de ces couples étant vertueux, s'applique par un travail quotidien à faire prospérer son bien. Les trajectoires personnelles ne sont nulle part linéaires et les histoires d'une vie font que les guerres, les épizooties, les maladies et les accidents de parcours rebattent les cartes et une génération plus tard, dans une première version de l'histoire, les trois couples – pour simplifier – pourraient donner chacun vie à un nouveau jeune couple avec des démarrages différents : admettons que le « smicard » ait bien progressé, que le cadre sup ait dû s'absenter longuement pour faire la guerre et que le troisième ait vu son cheptel complètement anéanti par une maladie foudroyante. La nouvelle génération de couples qui se forme démarre donc très différemment et ainsi de suite.

Pour en rester à la première génération, notre universitaire évidemment n'est pas resté inactif et il a proposé à maintes reprises des lois au chef du village pour mieux répartir les richesses, ce que ne pouvaient faire les lois du marché local. Il a donc convaincu le chef du village de contraindre le possesseur des 300 chèvres à donner chaque année 10 chèvres à chacun des deux autres couples. Ainsi progressivement, un rattrapage put s'opérer. L'harmonie commençait à régner.

Sauf que le détenteur de 3 chèvres comprit rapidement qu'il n'avait pas besoin de faire fructifier son affaire par un travail laborieux d'entretien de son cheptel et de traite quotidienne, et que si une ou deux chèvres disparaissaient dans l'année faute de soin, ce n'était plus gênant. Fort de cette assistance sociale, il fit vite le calcul que, vu la facilité avec laquelle l'universitaire avait changé son destin, il était beaucoup plus productif de réclamer à son tour davantage d'impôt en chèvres, plutôt que de faire prospérer son bien et il put se contenter de revendre chaque année son allocation de 10 chèvres qui lui arrivait sans rien faire. Il se concentra alors sur la contestation de cet impôt trop faible selon lui et se dit qu'il serait bien de disposer de 20 chèvres gratuites chaque année pour améliorer sa position. Pour le reste, il devenait inutile de travailler et de traire ces animaux : les vendre donnait amplement de quoi vivre.

La première raison qui donne donc tort à l'universitaire français est qu'il a créé un nouveau système de rente. Le possesseur de 300 chèvres pouvait certes initialement être un rentier qui ne faisait plus rien lui non plus, même si on peut imaginer que cet héritage il tenait à le préserver, en connaissant peut-être sa fragilité. Dans le cas présent, la nouvelle répartition avait créé un nouveau système de petite rente.

Poursuivons la fable. L'universitaire français réussit donc peu à peu à créer une société harmonieuse dans laquelle il se sent bien, lui-même ayant des revenus de son université environ l'équivalent de 20 chèvres par mois.

Le cadre sup fort de ses compétences - il savait lire et compter- souhaita aussi profiter de la situation et proposa au chef de créer une association du Temps libre au sein du village pour gérer les temps nouveaux faits de loisirs et d'harmonie. Le chef sous l'impulsion de l'universitaire accepta et le cadre sup en gagna une rémunération de 20 chèvres supplémentaires par an qui fut puisée au prorata des revenus et patrimoines de chacun.

Bref tout allait bien. Le plus riche certes voyait fondre son patrimoine mais se disait qu'avec ses 300 chèvres il pouvait tenir une bonne vingtaine d'années sans rien faire lui aussi et se mit comme le smicard à vendre des chèvres pour maintenir son niveau de vie.

Le désastre économique fut long à venir, mais il devint inéluctable.

Dynamique entrepreneuriale de chambres froides autonomes

Les ouvrages abondent sur les causes des révolutions industrielles, sans d'ailleurs que les historiens ou économistes soient toujours d'accord sur la terminologie même de « révolution ». Le débat ne sera jamais clos sur le sujet, ce qui montre à l'évidence la difficulté qu'il y a à percevoir toute la complexité de l'évolution économique. La place de l'innovation, comme celle des réformes institutionnelles – telle celle qui a permis l'émergence des enclosures en Angleterre – est souvent mise en évidence.

Le débat tourne souvent autour de l'offre innovante. Moins fréquente est la constatation du rôle déterminant de la demande. Jean-Hervé Lorenzi et Alain Villemeur ont cependant approché cette notion à partir d'un modèle de consommation (op. cit.).

Leur modèle permet de montrer qu'à la suite d'un choc technique, la consommation joue aussi un rôle essentiel dans l'avènement des révolutions industrielles. Il nous intéresse en ce sens qu'il attribue l'avènement des révolutions industrielles à une ouverture à la nouveauté.

Ils mettent l'accent sur la structure de la consommation. Si celle-ci est déjà « riche en biens intégrant de nouvelles techniques (BINT) », les producteurs seront eux-mêmes incités à mettre sur le marché de nouveaux produits innovants. « L'inclinaison des consommateurs pour les BINT est notamment liée, lorsque les préférences sont endogènes, au coût d'adoption de ces biens ou à la résistance du consommateur »

Dans leur modèle « il faut et il suffit que le goût pour la diversité des consommateurs au sein des BINT soit suffisamment plus important que celui au sein des biens standards » ;

Ceci étant – et c'est bien tout le problème de ce modèle – des notions essentielles telles que

- les « coûts d'adoption »,
- la « résistance du consommateur »,
- son « éducation et son information »,
- son « goût pour la diversité »,

ne sont pas analysées en amont du modèle. Tout au plus les auteurs renvoient-ils à l'influence des pouvoir publics sur l'éducation et l'information pour modifier les paramètres de réceptivité.

Si l'idée de concomitance ou d'alchimie entre l'évolution technique, l'évolution de l'offre, l'évolution de la demande et encore l'évolution institutionnelle semble intuitivement pertinente, il n'en reste pas moins que les fondements psychologiques et sociaux de la révolution industrielle ne sont pas fermement établis.

C'est la raison pour laquelle les notions de « coûts d'adoption » ou encore de « résistance au changement » doivent être analysées en profondeur. La confiance est un des éléments d'évolution des interactions sociales, qu'il convient de mettre face aux « coûts d'adoption ».

Le choc positif des chambres froides solaires

Pour revenir concrètement à un choc positif espéré, le développement de chambres froides solaires autonomes nécessite parallèlement des instruments de mesure de l'efficience de l'innovation. Les solutions éco-innovantes (Wyckoff 2010) portent de façon classique sur

- les produits,
- les procédés,
- les méthodes de commercialisation,
- les structures organisationnelles.

Ces éléments sont mesurables. Mais au-delà de cette sphère, les éco-innovations qui doivent par nature être durables, touchent les normes sociales, les valeurs culturelles et les structures institutionnelles formelles, en générant des interactions nouvelles.

Une question à se poser est de se demander ce que peut bien induire d'interactions nouvelles une chambre froide autonome.

On peut aborder cette question sous trois angles :

- l'aspect temps de travail économisé, rapporté à une production,
- l'aspect revenus rapportés à un temps global d'activité,
- l'aspect rente dégagée pour conforter une situation sociale.

Nous retrouvons ici une correspondance avec le cadre d'analyse fixé. L'individu qui crée une chambre froide autonome est entrepreneur, selon notre vision « stylisée » des faits, quelle que soit sa situation présente ou antérieure : en ce sens il va combiner un temps de travail avec un capital.

La création d'une chambre froide peut être l'affaire d'un couple, d'une famille, ou d'une cellule économique plus complexe, nous l'analysons cependant comme entité globale comportant tout à la fois une part « salariale », une part « capitalistique » et une part « entrepreneuriale » qui assure la combinaison travail–capital.

- l'entrepreneur est aussi exécutant : il vend – à lui-même – un temps de travail pour exécuter une tâche. En ce sens, sa rémunération sera calculée sur le temps de travail qu'il « met à disposition » pour fabriquer un produit, en l'occurrence le temps qu'il passe à entrer et sortir les produits qu'il veut maintenir au frais, le temps qu'il passe à comptabiliser, à transporter, à vendre.
- l'entrepreneur doit trouver également sa rémunération en tant que concepteur et organisateur de la « combinaison produc-

tive ». Sa rémunération est alors traduite par sa propriété sur la chambre froide autonome et la rente de situation dont il bénéficie en disposant d'un avantage local sur l'ensemble de la population environnante. Pour trouver sa place dans la société, l'individu doit pouvoir proposer à ses congénères une activité dont l'ensemble de la collectivité a besoin et pour cela il a tout intérêt à rechercher quelque chose qui n'existe pas dans son environnement social. Et par conséquent, plus sa société sera ouverte sur l'extérieur et plus il devra rechercher une offre innovante pour être reconnu. S'il se contente d'être salarié ou moins formellement d'offrir sa force de travail et du temps, il n'est pas sûr du tout de trouver une place dans une société peu développée. De même l'offre de capital n'est que peu probablement à sa portée.

- le capitaliste, qu'il est également, se rémunère sur le risque de l'investissement qu'il a pris en innovant dans la chaîne du froid. Au départ du lancement de l'innovation, le prix du risque est forcément très élevé et aucun financement bancaire ne peut être recherché, y compris à des taux très élevés de microcrédit par exemple. L'Etat doit donner dans ce contexte l'impulsion initiale et investir lui-même. L'Etat peut le faire car il est un capitaliste un peu particulier, qui a toute faculté de se rémunérer par le biais de taxes et impôts divers sur l'individu. Donc il a tout intérêt à investir sur l'individu qui n'a rien, en espérant que cet individu dans quelques années lui « rapportera » des impôts et des taxes, largement compensatrices du risque initial.

Cette dernière composante capitalistique est cruciale car elle montre tout à la fois le nécessaire travail de régulation sur le long terme de l'Etat et l'attention qu'il convient par conséquent de porter sur le long terme, à l'entrepreneur dans son financement.

Dans un temps institutionnel – mais également politique – court, l'Etat gère un budget, des recettes et des dépenses. Dans un temps institutionnel long qui s'harmonise avec le développement durable, l'Etat doit mieux gérer la croissance, il devient inévitablement investisseur et recherche donc les placements efficaces : il a tout intérêt à devenir non seulement le prêteur le plus attentif en premier ressort, mais également le premier « donateur ». Ce n'est pas un comportement typique des pays en développement, mais une conséquence indirecte de la vision de long terme qui émerge dans le développement (Lorenzi and Villemeur 2009).

Le fait d'unicité des 3 composantes précédentes - part salariale, parte entrepreneuriale, part capitalistique - donne une grande souplesse dans la mise en œuvre de l'innovation, car l'individu peut constamment s'adapter et parer au plus pressé dans son emploi du temps.

CONCLUSION

Sortir les pays de la pauvreté est un thème récurrent, à la fois moral et angoissant. Les outils mis en œuvre sont souvent ceux qui à la fois intéressent les pays développés toujours à la recherche de débouchés solvables et ceux qui semblent faire florès en Occident. Dans ce domaine, il peut être bon de sortir des sentiers battus à la recherche des ingrédients qui ont permis aux pays développés de l'être un jour.

Les modèles hypothético-déductifs ont donné naissance à une vision de la croissance, axée notamment sur des probabilités de succès de programmes d'assistance. Une approche inductive permet de partir au plus près du petit producteur et de son quotidien. Ainsi, la perspective change radicalement et les « clés du succès » se situent dans des zones peu explorées comme l'accumulation primitive de capital et peut-être moins dans « l'aide ».

La quasi-totalité des économistes a bien perçu l'importance du capital dans le développement, mais elle ne s'est pas attardée sur sa constitution originelle. Or, il s'agit là d'une phase cruciale : c'est précisément au moment où le modeste agriculteur récolte sur son lopin, où le petit pêcheur revient sur la plage que le capital peut se constituer. Avec des pertes dépassant 30% des récoltes, il existe un fossé immense à combler pour permettre aux entrepreneurs pauvres d'accéder à une autre trajectoire de croissance.

En utilisant d'autres méthodes que les probabilités pour aborder la croissance, il est possible d'ouvrir un champ nouveau, donnant corps à l'induction logique : les chocs économiques positifs de ce point de vue apparaissent non probables dans l'histoire et pourtant ce sont eux qui nous semblent avoir permis à des paysans pauvres en Europe de changer de trajectoire et d'accumuler un premier capital.

Les chocs économiques positifs – la plupart du temps ils sont négatifs - constituent une accélération d'accélération à travers une innovation dans un contexte bien particulier. L'avènement du moulin à vent a constitué de ce point de vue un choc énergétique positif qui ne se répètera pas. Plus près de nous, la maîtrise de la chaîne du froid a provoqué et provoque encore un choc dans le stockage de produits frais et a permis de changer radicalement l'agriculture occidentale sur les soixante dernières années.

La difficulté des pays en développement aujourd'hui tient à la fois à l'extrême fragilité des petits entrepreneurs et une vision contrainte par les concepts occidentaux d'outils probabilisant les réussites : grandes infrastructures, scolarisation, politique de santé. Ces éléments certes ont leur place dans le développement. Cependant, ces politiques ne permettent pas au petit producteur de participer directement au progrès d'un pays alors qu'il en est la base.

La notion de stockage de produits alimentaires et en particulier de produits frais s'avère particulièrement utile en économie, à la fois au regard de la place des stocks alimentaires dans l'économie depuis l'Antiquité, mais également pour concevoir des modèles microéconomiques nouveaux dans lesquels le stock n'est plus une variable d'ajustement mais une variable déterminante dans la croissance.

Créer les conditions d'un petit entreposage de produits frais peut permettre à des producteurs de bénéficier d'un véritable choc positif, de décoller rapidement et de faire décoller à une plus grande échelle une économie. A cette occasion, la collectivité peut avoir un effet d'entraînement puissant en jouant le rôle d'investisseur dont la rémunération pourra se mesurer, par exemple, en recettes fiscales ultérieures. Les grandes réussites économiques de civilisations comme la Mésopotamie semblent toujours marquées par la compréhension, voire l'association étroite entre la collectivité et ses entrepreneurs. C'est le soutien à l'innovation, le financement de l'aventure qui ont permis à des économies de rayonner et c'est sur cette relation étroite Etat-entrepreneurs que se sont constitués les creusets des cultures communes.

BIBLIOGRAPHIE

Amouretti, M.-C. (1986). Le pain et l'huile dans la Grèce antique : de l'araire au moulin. Paris, Editeur Belles Lettres.

Anseeuw, W., L. A. Wily, et al. (2012). Land Rights and the Rush for Land. Findings of the Global Commercial Pressures on Land Research Project. ILC, Rome, Ed. Tim Bending and David Wilson.

Arditi, C., P. Janin, et al. (2011). La lutte contre l'insécurité alimentaire au Mali. Réalité et faux-semblants. Paris, Ed. Karthala.

Association mondiale des Opérateurs (GSMA), OCDE, et al. (2011). C.

Balard, M., J.-P. Genet, et al. (2011). Le Moyen-Âge en Occident. Paris, Ed. Hachette sup.

Banerjee, A. and E. Duflo (2012). Repenser la pauvreté. Paris, Seuil.

Barthes, R. (1964). "Rhétorique de l'image." Communication n°4 : pp. 40-51.

Baumol, W. J., D. S. Landes, et al. (2010). The Invention of Enterprise : Entrepreneurship from Ancient Mesopotamia to Modern times. Princeton, New Jersey, Princeton University Press.

Bayes, T. (1763). "Essai sur la manière de résoudre un problème dans la doctrine des risques." Philosophical Transactions of the Royal Society volume 53 : pp 370-418.

Béavogui, M. (2001). Evaluation de la pauvreté rurale - Afrique de l'Ouest et du Centre. Rome, Fonds International de Développement Agricole - FIDA Division Afrique 1 - Département gestion des programmes : pp1-113.

Benzecri, J.-P. (1982). Histoire et préhistoire de l'analyse des données. Paris, Ed. Dunod.

Berdegué, J., T. Reardon, et al. (2007). Supermarkets and Small Horticultural Product Farmers in Central America. Global Supply Chains, Standards and the Poor: How the Globalization of Food Systems and Standards Affects Rural Development and Poverty. KU Leuven (Belgium), Ed. J. Swinnen: pp 135-144.

Bernard, J.-j. (2002). Bioénergétique cellulaire. Paris, Ellipses Editions.
Bible (1975). La Bible de Jérusalem. Paris, Desclée De Brouwer.
Bloch, M. (1935). "Avènement et conquête du moulin à eau." Annales d'Histoire économique et sociale n°36 : pp. 538-563.
Bodin, J. (1576). Les six livres de la République - Livre V, chap. 2 Les moyens de remédier aux changements des Républiques, qui adviennent pour les richesses excessives des uns et pauvreté extrême des autres. Paris.
Bot-Helly, A. L. and B. Helly DRAC Rhône-Alpes.
Bouras, C. Commerce maritime et stockage des biens : les entrepôts en Grèce.
Bourles, J. and P. Verley (1999). La rupture technologique. Paris, Economica.
Briec, W. and N. Peypoch (2010). Microéconomie de la production. La mesure de l'efficacité et de la productivité. Bruxelles, De Boeck-économie.
Byerlee, D. and A. d. Janvry (2008). L'agriculture au service du développement. Rapport sur le développement dans le monde. Paris, Banque mondiale.
Caccomo, J.-L. (2006). L'épopée de l'innovation - Innovation technologique et évolution économique. Paris, Ed. L'Harmattan.
Casals, C. and V. Moussion (1994). La glace naturelle et son commerce à Marseille sous l'Ancien régime : Chronique de la glace. Plan-d'Aups-Sainte-Baume, Ed. Découverte Sainte-Baume.
Castel, R. (1995). La métamorphose de la question sociale. Paris, Fayard.
Chen, S. and M. Ravallion (2008). "Les pays en développement sont plus pauvres qu'on ne le croyait, mais le combat qu'ils mènent contre la pauvreté n'en porte pas moins ses fruits." doc. de travail Banque Mondiale.
Columelle (1993). De l'agriculture, trad. Res Rustica - Livre III. Paris, Les Belles Lettres.
Coq, V. L. and L. Lèguevaque (2011). Manifeste contre les notaires. Paris, Ed. Max Milo.
Damasio, A. (1999). L'erreur de Descartes, la raison des émotions. Paris, Ed. Odile Jacob.
Debreu (1951). "The coefficient of resource utilization." Econometrica. Journal of the Econometric Society vol. 19 n°3: pp. 273-292.

Dercon, S. (2006/4). "La vulnérabilité : une perspective microéconomique." Revue d'économie du développement vol. 20 n°4 : pp. 79-118.
Derrida, J. (1967). De la Grammatologie. Paris, Les Editions de minuit.
Derville, A. (1999). L'agriculture du Nord au Moyen-Âge : Artois, Cambrésis, Flandre wallonne. Villeneuve d'Ascq, Editions du Septentrion.
Deveau, J.-M. (2010). Le retour de l'esclavage au XXIe siècle. Paris, Ed. Karthala.
Djoumessi, J.-B. (2011). Société civile, l'autre voie du développement de l'Afrique. Yaoundé, Ed. L'Harmattan
Dorosh, P., H.-G. Wang, et al. (2009). "Crop production and road connectivity in sub-saharan africa : a spatial analysis" The World Bank. Policy Research Working Paper 5385: 46p.
Drouart, A., J.-P. Williot, et al. (2010). Histoire des innovations alimentaires XIXe XXe siècles. La chaîne du froid d'hier et de demain. Paris, L'Harmattan.
Dumont, J. (2001). Les animaux dans l'Antiquité grecque. Paris, Ed. L'Harmattan.
Dwight H. Perkins, S. R., David L. Lindauer (2008). Economie du développement, De Boeck.
Easterly, W. (2006). Les pays pauvres sont-ils condamnés à le rester ? Paris, Ed. d'Organisation.
Ezzahouani, A. (mars 2010). "Conservation des Pommes dans les Entrepôts frigorifiques." Agriculture du Maghreb n°42 : 42-46.
Facchini, F. (juillet-septembre 2008). "Culture, diversité culturelle et développement économique. Une mise en perspective critique des travaux récents." Revue Tiers Monde n° 195 : pp. 523-554.
FAO (2002). "Pertes après récolte : un concept mal défini ou mal utilisé." chap 4 - Aspects économiques des pertes après récolte.
Fourastié, J. (1952). La productivité. Paris, PUF/Que-Sais-Je ?
Gaffard, J.-L. (1990). Economie industrielle et de l'innovation. Paris, Ed. Précis Dalloz.
Garcia, D. and D. Meeks (1997). Les structures de conservation des céréales en Méditerranée nord-occidentale au premier millénaire avant J.-C. - Techniques et économie antiques et médiévales : le temps de l'innovation. Paris, Ed. Errance.
Giard, V. (2005). Gestion de la production et des flux. Paris, Economica.
Godelier, M. (1994). L'énigme du don. Paris, Fayard.

Goleman, D. (2003). L'intelligence émotionnelle. Paris, Ed. J'ai Lu.
Gore, C. (2006). Développer les capacités productives - Rapport 2006 sur les Pays les Moins Avancés. New York, Genève, United Nations Publications.
Gorgue, A. (2008). "Structure domestique, structure de la production : le travail des femmes dans le nord-est du domaine ibérique (IIIe-Ier s. av. J.-C.)." Pallas. Revue d'études antiques. Presses Universitaires du Mirail n° 76 : pp. 173-201.
Goujard, R. (1975). Caton : De l'agriculture. Paris, Les Belles Lettres.
Gravel, D. (1995). Moulins et Meuniers du Bas-Lachine 1667-1890. Québec, Editions du Septentrion.
Grolleaud, M. (2002). Pertes après récolte : un concept mal défini ou mal utilisé. Rome, FAO, Agro-Industries and Post-Harvest management Service (AGSI). chap 4 - Aspects économiques des pertes après récolte.
Havard, G. and C. Vidal (2003). Histoire de l'Amérique française. Paris, Ed. Flammarion.
Jones, C. (1999). Théorie de la Croissance endogène. Bruxelles, De Boeck Université.
Keynes, J. M. (24 mai 1924). "Does Unemployment Need a Drastic Remedy ?" La Nation and Athenaeum.
Keynes, J. M. (1936). Théorie générale de l'emploi, de l'intérêt et de la monnaie. Paris, Editions Payot et Rivages.
Keynes, J. M. (2004). A Treatise on Probability, Dover Phoenix Editions.
Kounkou, D. (2008). Pour une renaissance de la Tontine, L'Harmattan.
Lallié, N. (1912). Le froid industriel et les machines frigorifiques. Paris, Baillière & fils.
Lamouri, S. and A. Thomas (1999). "Juste à temps et qualité totale." Techniques de l'ingénieur. l'Entreprise industrielle vol. AGL1 n° AG5190 : pp. AG5190.1-AG5190.16.
Landes, D., J. Mokyr, et al. (2010). The invention of enterprise. Entrepreneurs : From the Near eastern Takeoff to the Roman Collapse., Princeton University Press.
Liker, J. (2009). 14 principes qui feront la réussite de votre entreprise. Paris, Pearson Education France.
Lorenzi, J.-H. and A. Villemeur (2009). L'innovation au coeur de la nouvelle croissance. Paris, Ed. Economica.
Louis-Napoléon (1856). Oeuvres complètes - L'extinction du paupérisme. Paris, Ed. Amyot et Plon.

Luenberger, D. G. (1995). Microeconomic Theory. Boston, McGraw Hill.
Malthus, T. R. (1999). Essai sur le principe de population. Paris, Flammarion.
Martin, J. (1997). Glacières françaises : Histoire de la glace naturelle. Paris, Ed. Errance.
Marx, K. (1867 1963). Le Capital. Paris, Edition Gallimard/Folio Essais.
Montoussé, M. (2010). Analyse économique et historique des sociétés contemporaires. Paris, Ed. Breal.
Musgrave, R. A. (1959). The Theory of Public Finance. A Study in Public Economy. New York, McGraw Hill.
Nassiet, M. (2006). La France au XVIIe siècle, société, politique, cultures. Paris, Editions Belin.
O'Connor, S., R. Ono, et al. (2011). "Pelagic Fishing at 42000 years Before the Present and the Maritime Skills of Modern Humans." Science 334 n° 6059 pp 1117-1121.
Ohno, T. (1978). Toyota Production System. Beyond large scale production. Tokyo, Diamond Inc.
Orio, L. and J. J. Quiles (1999). "L'entrepreneur chez Keynes." Cahiers lillois d'économie et de sociologie n°33(1er semestre 1999): pp. 57-83.
Perkins, D. H., S. Radelet, et al. (2008). Economie du développement. Bruxelles, De Boeck.
Petit, T., B. Blandin, et al. (2009). Pouvoir et Stockage : les magasin du palais d'Amathonte. Aix-en-Provence, Maison Méditerranéenne des Sciences de l'Homme.
Phillips, R. (2001). A Short History of wine. New York, Harpercollins Publishers, Inc.
Pichon, B. (2002). Carte archéologique de la Gaule 02. Aisne. Paris, Académie des inscriptions et belles lettres, Ministère de l'éducation nationale, Ministère de la recherche et al.
Piketty, T., Ed. (2013). Le capital au XXIe siècle. Paris.
Pline (2003). Histoire naturelle, Livre XXV trad. Paris, Ed. Les Belles Lettres.
Poux, M., E. Vaudable, et al. (mars 2009). Entrepôt et systèmes de stockage dans le monde gréco-romain antique. Etat des lieux. Aix-en-Provence, Maison méditerranéenne des sciences de l'homme.
Prescott, H., Klein, Wiley, Sherwood, Woolverton (2010). Microbiologie. Bruxelles, De Boeck.
Reynier, A. (2008). Progrès technique et innovation. Paris, Ed. Breal.

Rivals, C. (2000). Le moulin et le meunier. Portet-sur-Garonne, Ed. Empreinte.
Riverson, J., J. Gaviria, et al. (1991). "Les routes rurales en Afrique au sud du Sahara." Document technique de la Banque mondiale série du département technique Afrique n° 141 F : pp 1 - 52.
Saboureux de la Bonneterie, C.-F. (1864). Les Agronomes latins : Caton, Varron, Columelle, Palladius. Paris, Ed. F. Didot.
Saint-André, A. (2010). Approvisionnement et système de stockage des tabernae en Gaule : quelques éléments de réflexion. Entrepôts et systèmes de stockage dans le monde gréco-romain antique. Etat des lieux. Aix-en-Provence.
Saint-Etienne, C. (2010). Guerre et Paix au XXIe siècle - comprendre le monde de demain, François Bourin Editeur.
Schumpeter, J. A. (1982). The Theory of Economic Development : an inquiry into profits, capital, credit. Piscataway (NJ), Transaction Publishers.
Schumpeter, J. A. (1994). Capitalism, Socialism, Democracy. Londres, Routledge.
Schumpeter, J. A. (2001). La Théorie de l'évolution économique. Paris, Dalloz.
Schumpeter, J. A. (2009). Can Capitalism survive ? creative Destruction ans the Future of the global Economy. New York, Harper & Row.
Schumpeter, J. A. and E. Boody Schumpeter (1994). Historic of Economic analysis. Londres, Routledge.
Service régional de l'inventaire, DRAC, et al. (1836). Inventaire général, Min. de la culture. AD Morbihan. 5M230.
Soto, H. d. (2005). Le mystère du capital : pourquoi le capitalisme triomphe en Occident et échoue partout ailleurs. Paris, Flammarion.
Suleiman, E. (1987). Les notaires : les pouvoirs d'une corporation. Paris, Ed. Seuil.
Tardieu, A. (1862). Dictionnaire d'hygiène publique et de salubrité. Paris, Ed. J.B. Baillière.
Tribus, M. (1974). Décisions rationnelles dans l'incertain. Paris, Masson.
Turner, V. (1990). Le phénomène rituel. Structure et contre-structure : le rituel et le symbole, une clé pour comprendre la structure sociale et les phénomènes sociaux. Paris, Presses Universitaires de France.
Umali-Deininger, D. and F. Shilpi (2008). "Market Facilities and Agricultural Marketing: Evidence from Tamil Nadu, india." Banque mondiale n°4455: 45 p.

Unesco (aout 2011). "Ressources humaines en R-D." bulletin d'information de l'ISU n°13 : pp. 1-5.
Van de Velde, F. and L. Cordonnier (1999). "L'entrepreneur chez Keynes." Cahiers lillois d'économie et de sociologie n° 33 (1er semestre): pp. 57-83.
Van Gennep, A. (1933). Religions, moeurs et légendes - Essais d'ethnographie et de linguistique. Paris, Ed. Mercure de France.
Varron, M. (1978). Economie rurale trad. De re rustica. Paris, Les Belles Lettres.
Verley, P. (1997). L'échelle du monde. Essai sur l'industrialisation de l'occident. Paris, Gallimard.
Vernimmen, P. (2012). Finance d'Entreprise. Paris, Dalloz.
Vise, D. A. and M. Malseed (2006). Google Story. Enquête sur l'entreprise qui est en train de changer le monde. Paris, Dunod.
Wyckoff, s. l. d. d. A. (2010). L'éco-innovation dans l'industrie. Favoriser la croissance verte. Paris, Ed. OCDE.
Yunus, M. and A. Jolis (1997). Vers un monde sans pauvreté. Paris, J-C. Latès.
Zimmer, C. (2011). Introduction à l'évolution. Bruxelles, De Boeck.
Zorya, S., N. Morgan, et al. (2011). The Case of Postharvest Grain Losses in Sub-Saharan Africa. Washington, The World Bank, national Resources Institute, FAO. N° 60371: 96.

TABLE DES MATIÈRES

L'HARMATTAN ITALIA
Via Degli Artisti 15; 10124 Torino

L'HARMATTAN HONGRIE
Könyvesbolt ; Kossuth L. u. 14-16
1053 Budapest

L'HARMATTAN KINSHASA
185, avenue Nyangwe
Commune de Lingwala
Kinshasa, R.D. Congo
(00243) 998697603 ou (00243) 999229662

L'HARMATTAN CONGO
67, av. E. P. Lumumba
Bât. – Congo Pharmacie (Bib. Nat.)
BP2874 Brazzaville
harmattan.congo@yahoo.fr

L'HARMATTAN GUINÉE
Almamya Rue KA 028, en face
du restaurant Le Cèdre
OKB agency BP 3470 Conakry
(00224) 657 20 85 08 / 664 28 91 96
harmattanguinee@yahoo.fr

L'HARMATTAN MALI
Rue 73, Porte 536, Niamakoro,
Cité Unicef, Bamako
Tél. 00 (223) 20205724 / +(223) 76378082
poudiougopaul@yahoo.fr
pp.harmattan@gmail.com

L'HARMATTAN CAMEROUN
BP 11486
Face à la SNI, immeuble Don Bosco
Yaoundé
(00237) 99 76 61 66
harmattancam@yahoo.fr

L'HARMATTAN CÔTE D'IVOIRE
Résidence Karl / cité des arts
Abidjan-Cocody 03 BP 1588 Abidjan 03
(00225) 05 77 87 31
etien_nda@yahoo.fr

L'HARMATTAN BURKINA
Penou Achille Some
Ouagadougou
(+226) 70 26 88 27

L'HARMATTAN SÉNÉGAL
10 VDN en face Mermoz, après le pont de Fann
BP 45034 Dakar Fann
33 825 98 58 / 33 860 9858
senharmattan@gmail.com / senlibraire@gmail.com
www.harmattansenegal.com

L'HARMATTAN BÉNIN
ISOR-BENIN
01 BP 359 COTONOU-RP
Quartier Gbèdjromèdé,
Rue Agbélenco, Lot 1247 I
Tél : 00 229 21 32 53 79
christian_dablaka123@yahoo.fr

612017 - Juin 2015
Achevé d'imprimer par

1livre.com
du rêve à la réalité !

www.ingramcontent.com/pod-product-compliance
Lightning Source LLC
LaVergne TN
LVHW011006061026
849535LV00006B/1742
9782343046600